Fachwissen Technische Akustik

Diese Reihe behandelt die physikalischen und physiologischen Grundlagen der Technischen Akustik, Probleme der Maschinen- und Raumakustik sowie die akustische Messtechnik. Vorgestellt werden die in der Technischen Akustik nutzbaren numerischen Methoden einschließlich der Normen und Richtlinien, die bei der täglichen Arbeit auf diesen Gebieten benötigt werden.

Weitere Bände in der Reihe http://www.springer.com/series/15809

Michael Möser
(Hrsg.)

Psychoakustische Messtechnik

Herausgeber
Michael Möser
Institut für Technische Akustik
Technische Universität Berlin
Berlin, Deutschland

ISSN 2522-8080 ISSN 2522-8099 (electronic)
Fachwissen Technische Akustik
ISBN 978-3-662-56630-5 ISBN 978-3-662-56631-2 (eBook)
https://doi.org/10.1007/978-3-662-56631-2

Die Deutsche Nationalbibliothek verzeichnet diese Publikation in der Deutschen Nationalbibliografie; detaillierte bibliografische Daten sind im Internet über http://dnb.d-nb.de abrufbar.

Springer Vieweg

Gedruckt auf säurefreiem und chlorfrei gebleichtem Papier

Springer Vieweg ist ein Imprint der eingetragenen Gesellschaft Springer-Verlag GmbH, DE und ist ein Teil von Springer Nature
Die Anschrift der Gesellschaft ist: Heidelberger Platz 3, 14197 Berlin, Germany

Inhaltsverzeichnis

Autorenverzeichnis

André Jakob Beuth Hochschule für Technik Berlin, Fachbereich VII – Elektrotechnik – Mechatronik – Optometrie, Berlin, Deutschland

Christian Maschke Landesamt für Umwelt, Gesundheit und Verbraucherschutz, Land Brandenburg, Potsdam, Deutschland

Psychoakustische Messtechnik

Christian Maschke und André Jakob

Zusammenfassung
Der heute in zahlreichen Regelwerken überwiegend zur Messung und Beurteilung von Schallpegeln verwendete A-bewertete Schalldruckpegel stellt nur eine sehr grobe Näherung an die Lautstärkewahrnehmung dar. Darüber hinaus ist ein geringer A-bewerteter Schalldruckpegel nicht immer gleichbedeutend mit akustischem „Wohlbefinden". Insbesondere in der Fahrzeugakustik und im Produkt-Sound-Design werden psychoakustische Messverfahren eingesetzt, um eine gehörgerechtere Schallanalyse zu ermöglichen.

Im Buchkapitel „Psychoakustische Messtechnik" werden ausgehend von den Grundlagen der gehörgerechten Schallanalyse (Hörschwelle, Verdeckungseffekte, Frequenzgruppen) über die wichtigsten psychoakustischen Kenngrößen elementarer Wahrnehmungskomponenten, wie Lautstärkepegel, Lautheit, Verhältnistonhöhe, Tonhaltigkeit, Schärfe, Rauhigkeit, Schwankungsstärke, Klanghaftigkeit auch psychoakustische Kenngrößen komplexer Wahrnehmungskomponenten, wie Lästigkeit und Wohlklang beschrieben. Den Abschluss des Kapitels bildet ein Abschnitt zum binauralen Hören (Kunstkopfmesstechnik) mit den Themen Lateralisation, Lokalisation, interauraler Korrelation und der binauralen Lautheit.

1 Einleitung

Die Messung und Beurteilung von Schallpegeln erfolgt heute überwiegend auf der Grundlage des A-bewerteten Schalldruckpegels [DIN EN 61672-1]. Diese A-Bewertung ist nach dem 2. Weltkrieg als international bevorzugte Frequenzbewertung standardisiert worden, um Schallpegelmessungen in unterschiedlichen Ländern zu vereinheitlichen. Mit der A-Bewertung wurde ein erster Schritt unternommen, bei der Messung von Schall das menschliche Hören nachzubilden. Die Internationale Organisation für Normung (ISO) war sich jedoch durchaus bewusst, dass eine A-bewertete Schallpegelmessung nicht in jeder Hinsicht einer gehörgerechten Schallfeldanalyse entspricht. Seinerzeit waren weder der technologische Stand noch die wissenschaftlichen Erkenntnisse vorhanden, eine Schallmesstechnik zu standardisieren, die einer Schallfeldanalyse durch das menschliche Gehör vergleichbar wäre. Heute hat sich der wissenschaftliche Kenntnisstand wesentlich verbessert,

C. Maschke (✉)
Landesamt für Umwelt, Gesundheit und Verbraucherschutz, Land Brandenburg, Potsdam, Deutschland

A. Jakob
Beuth Hochschule für Technik Berlin, Fachbereich VII – Elektrotechnik – Mechatronik – Optometrie, Berlin, Deutschland

M. Möser (Hrsg.), *Psychoakustische Messtechnik*, Fachwissen Technische Akustik,
https://doi.org/10.1007/978-3-662-56631-2_1

und die technische Umsetzung psychoakustischer Erkenntnisse stellt im Zeitalter der Digitaltechnik keine größeren Probleme mehr dar.

2 Warum eine gehörgerechte Messtechnik?

Die Grenzen der A-bewerteten Schallpegelmessung wurden bereits vor mehr als 30 Jahren im Automobilbereich deutlich, als die Geräuschqualität von Innen- und Außengeräuschen bei Kraftfahrzeugen verbessert werden sollte. Der A-bewertete Schalldruckpegel stellte nur eine sehr grobe Näherung an die Lautstärkewahrnehmung dar, und darüber hinaus war eine geringe Lautstärke nicht gleichbedeutend mit akustischem „Wohlbefinden".

Geräusche können ein Produkt aber nicht nur beeinträchtigen, sondern auch begünstigen. Das Geräusch einer schließenden Automobiltür ist ein klassisches Beispiel, das über viele Jahre untersucht worden ist. Ziel dieser Untersuchungen war es, ein Türschließgeräusch zu erzeugen, das auf eine solide Autotür schließen lässt (vgl. z. B. [38]). Unter dem Begriff „Geräuschqualität" bzw. „Sound Quality" wird heute das Bestreben zusammengefasst, technische Freiheiten bei der Entwicklung eines Produktes so zu nutzen, dass das resultierende Geräusch möglichst gut zum Produkt passt. Dabei ist eine gehörgerechte Schallanalyse mithilfe psychoakustischer Messtechnik unerlässlich. Ein überproportionaler Gehalt an hohen Frequenzen vermittelt i. d. R. eine nahe liegende und „aggressive" Schallquelle, die vom Hörer eine erhöhte Aufmerksamkeit erzwingt. Ein solches meist unerwünschtes Geräuschattribut kann messtechnisch durch die psychoakustische Größe „Schärfe" abgebildet werden. Wird einem „scharfen" Schall eine tieffrequente Komponente hinzugefügt, so lässt sich die Schärfe reduzieren. Der neu entstehende Schall ist jedoch lauter, wird aber häufig als „weniger lästig" bzw. „weniger störend" empfunden. Aber auch periodische Schwankungen der Einhüllenden eines Signals bzw. der Frequenz können dazu führen, dass ein Geräusch als „missklingend" oder „unangenehm" beurteilt wird. Eine solche Wahrnehmung kann messtechnisch durch die psychoakustische Rauhigkeit bzw. durch die Schwankungsstärke erfasst werden. Darüber hinaus können periodische Schwankungen der Einhüllenden auch auf Störungen des Rundlaufs einer Maschine hindeuten. Psychoakustische Messtechnik ist demzufolge nicht nur für die Optimierung der Geräuschqualität sondern auch für eine akustische Qualitätskontrolle oder Anlagenüberwachung geeignet. Psychoakustische Kenngrößen lassen sich jedoch i. d. R. nicht mehr mithilfe eines elementaren Schallpegelmessers ermitteln, sondern setzen eine zeitabhängige, schmalbandige Signalanalyse voraus.

Kommt es zudem darauf an, den Schallereignisort zu ermitteln, z. B. im Rahmen einer Fehlerferndiagnose, so ist dies im Rahmen einer einkanaligen Messtechnik nicht mehr möglich. Hier ist eine Verbindung von psychoakustischen Kenngrößen und binauraler Messtechnik sinnvoll, um eine gehörgerechte Schallfeldanalyse durchzuführen.

Zur gehörgerechten Schallfeldanalyse werden heute Messgeräte (Messsysteme) von verschiedenen Herstellern angeboten, die den praktischen Einsatz erheblich vereinfachen.

3 Grundlagen einer gehörgerechten Schallanalyse

Zum Verständnis der psychoakustischen Kenngrößen bzw. ihrer Berechnungsverfahren ist es hilfreich, sich kurz mit den Grundlagen des menschlichen Hörens vertraut zu machen.

3.1 Hörschwelle

Das Gehör weist nicht für alle Frequenzen die gleiche Empfindlichkeit auf. Wird der Schalldruckpegel, der notwendig ist, um einen einzelnen Ton gerade noch zu hören, über der Frequenz aufgetragen, so entsteht die sogenannte Hörschwelle. Dabei ist zu beachten, dass sich individuelle Hörschwellen von Person zu Person unterscheiden. Als Normalhörschwelle wird daher der Schalldruckpegel bezeichnet, der als Zentralwert der individuellen Hörschwellen

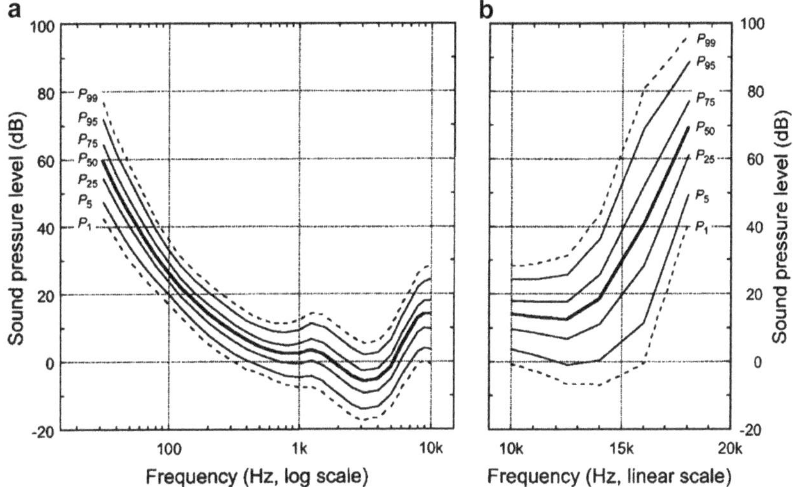

Abb. 1 Perzentile der Hörschwellenverteilung um die Normhörschwelle der ISO/FDIS (FDIS = Final Draft International Standard) 389-7 (P50) über der Frequenz für otologisch gesunde Erwachsene (Personen mit normalem Gesundheitszustand, die frei von allen Anzeichen oder Symptomen einer Ohrenerkrankung sind und die bisher keiner übermäßigen Lärmeinwirkung ausgesetzt waren, keine möglicherweise ototoxischen Medikamente eingenommen oder familiär bedingten Hörverlust erlitten haben [37])

ermittelt wird (50 %-Perzentil; P50). Demzufolge liegen bis zu 50 % aller individuellen Hörschwellen unterhalb der Normalhörschwelle und bis zu 50 % oberhalb der Normalhörschwelle.

Die heute gültige Normalhörschwelle wurde im Jahr 2005 in der ISO 389-7: Bezugshörschwellen unter Freifeld- und Diffusfeldbedingungen [ISO 389-7] standardisiert[1] (deutsche Fassung [DIN EN ISO 389-7]: [20]). Die Streuung der individuellen Hörschwellen um diese Normalhörschwelle zeigt Abb. 1 anhand von Perzentilen der individuellen Hörschwellenverteilung.

3.2 Verdeckungseffekte

Werden dem Menschen mehrere Schallereignisse angeboten, so sind in Abhängigkeit von ihrer „spektralen Nähe“ unterschiedlich starke Verdeckungseffekte zu berücksichtigen. Die gleichzeitige Verarbeitung mehrerer Schallereignisse entspricht der alltäglichen Wahrnehmungssituation.

Um Verdeckungseffekte in Abhängigkeit von der „spektralen Nähe“ zu messen, werden Mithörschwellen bestimmt. Als Mithörschwelle wird der Pegel eines Testtons bezeichnet, der notwendig ist, um den Testton in Anwesenheit eines weiteren Schallsignals (des Verdeckers) gerade noch zu hören. Es sind drei Arten von Verdeckung (masking) zu unterscheiden, die Vorverdeckung (pre masking), die Simultanverdeckung (simultaneous masking) und die Nachverdeckung (post masking). Vorverdeckung entsteht, wenn der Testton einsetzt, kurz bevor der Verdecker hinzukommt. Von einer Simultanverdeckung oder spektralen Verdeckung wird gesprochen, wenn beide Töne gleichzeitig angeboten werden, und bei einer Nachverdeckung setzt der Testton erst kurz nach dem Verdecker ein (vgl. Abb. 2).

Als Beispiel für die spektrale Verdeckung sind in Abb. 3 die Verdeckungsschleppen dargestellt, die durch schmalbandiges (frequenzgruppenbreites) Rauschen mit einer Mittenfrequenz von 1 kHz hervorgerufen werden. Wird neben dem Rauschen ein „spektral benachbarter“ Testton angeboten, so ist dieser nicht hörbar, solange

[1]Die Normalhörschwelle unterscheidet sich von den Angaben in ISO 389-1, ISO 389-2, ISO/TR 389-5 und ISO 389-8, da sich diese Daten auf monoaurale Wiedergabe durch Kopfhörer beziehen, die mit speziellen Kupplern bzw. Ohrsimulatoren erhoben wurden. Ein direkter Vergleich zwischen den Daten in den Teilen der genannten ISO 389 und den Daten in ISO 389-7: [35] ist deshalb nicht sinnvoll.

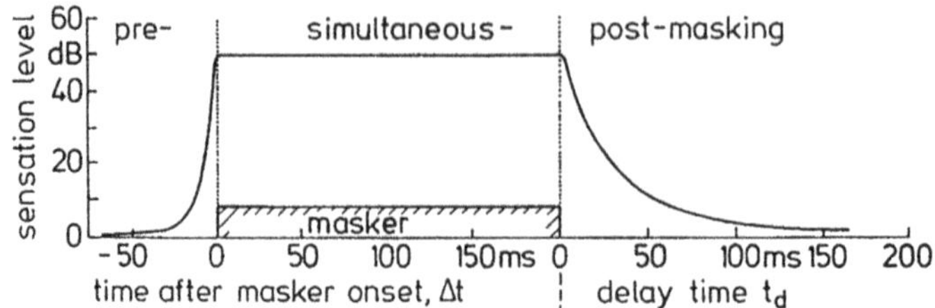

Abb. 2 Schematische Darstellung von Vorverdeckung, Simultanverdeckung und Nachverdeckung. Der Zeitraum, in dem eine Vorverdeckung gemessen werden kann, umfasst etwa 20 ms. Eine Nachverdeckung kann hingegen noch bis zu 200 ms nach dem Verdecker auftreten. [65, S. 78]

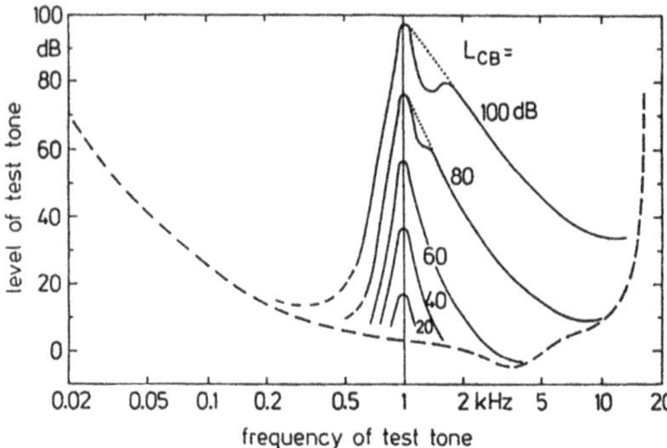

Abb. 3 Pegel eines Testtons der gerade eben durch ein frequenzgruppenbreites Rauschen, mit einer Mittenfrequenz von 1 kHz verdeckt wird. LCB ist der Pegel des frequenzgruppenbreiten Rauschens. Die Hörschwelle ist gestrichelt eingezeichnet. [65, S. 65]

der Pegel des Testtons kleiner ist als der Pegel der Verdeckungsschleppe (bei der Frequenz des Testtons). Sind beide Pegel gleich groß, so wird der Testton gerade noch verdeckt. Betrachten wir z. B. einen Testton mit der Frequenz von 2 kHz in Gegenwart des schmalbandigen Rauschens mit einem Pegel von LCB = 80 dB, so wird der Testton verdeckt, solange sein Pegel kleiner ist als ca. 41 dB. Die Verdeckung kann als Anhebung der Ruhehörschwelle interpretiert werden. Ist der Pegel eines Testtons größer als der „Verdeckungspegel", so wird er wahrgenommen, doch erfolgt eine Drosselung (Teilverdeckung), d. h. eine Reduzierung seiner Lautstärke (im Vergleich zur Lautstärke des gleichen Tons, wenn dieser ohne den Verdecker dargeboten wird).

Die Ursachen für die Verdeckungseffekte liegen bereits in der Schallverarbeitung des Innenohres[2]. Die Maskierungskurven zeigen ein ähnliches Verhalten wie die Wanderwelle auf der Basilarmembran. Die Flanke zu tiefen Frequenzen ist sehr steil und nahezu pegelunabhängig, die Flanke zu hohen Frequenzen ist dagegen stark pegelabhängig und verläuft bei höheren Pegeln wesentlich flacher.

3.3 Frequenzgruppen und Erregung

Die Schallanalyse des menschlichen Gehörs hinsichtlich der Lautstärkewahrnehmung basiert auf einer Zusammenfassung von Frequenzen zu schmalen Frequenzbändern, den sogenannten Frequenzgruppen (critical bands). Schallanteile, die innerhalb einer Frequenzgruppe liegen, interagieren anders als Schallanteile, die in verschiedenen Frequenzgruppen auftreten. Zwei Töne innerhalb einer Frequenzgruppe werden leiser wahrgenommen, als zwei Töne mit den jeweils gleichen Pegeln in unterschiedlichen Frequenzgruppen.

Der hörbare Frequenzbereich kann nach Zwicker in 25 Frequenzgruppen unterteilt werden. Diese Frequenzgruppen sind eng verbunden mit der Tonheit[3] in der Einheit Bark[4]. Die

[2]Die Vorverdeckung steht nicht im Widerspruch zur physikalischen Kausalität. Das Gehör braucht zur Verarbeitung eines Schallreizes unterschiedlich viel Zeit bis eine Wahrnehmung entsteht [61]. Daher ist es möglich, dass ein lauter Störschall in kürzerer Zeit eine Wahrnehmung auslöst als ein leiser Testschall.

[3]Zur Tonheit siehe Absatz „Verhältnistonhöhe (Ratio Pitch)".

[4]Benannt nach Heinrich Barkhausen (1881–1956).

Tab. 1 Frequenzgruppen mit ihren jeweiligen Mittenfrequenzen und Bandbreiten

Frequenzgruppe	Mittenfrequenz (Hz)	Bandbreite (Hz)
0	50	0–100
1	150	100–200
2	250	200–300
3	350	300–400
4	450	400–510
5	570	510–630
6	700	630–770
7	840	770–920
8	1000	920–1080
9	1175	1080–1270
10	1370	1270–1480
11	1600	1480–1720
12	1850	1720–2000
13	2150	2000–2320
14	2500	2320–2700
15	2900	2700–3150
16	3400	3150–3700
17	4000	3700–4400
18	4800	4400–5300
19	5800	5300–6400
20	7000	6400–7700
21	8500	7700–9500
22	10500	9500–12000
23	13500	12000–15500
24	19500	15500–24000

Breite einer Frequenzgruppe entspricht nämlich 1 Bark. Das Barkband kann daher zur Bezeichnung der Frequenzgruppen verwendet werden[5]. Tab. 1 listet die Frequenzgruppen mit ihren jeweiligen Mittenfrequenzen und Bandbreiten auf.

Bei niedrigen Mittenfrequenzen haben die Frequenzgruppen eine Bandbreite von 100 Hz. Bei Mittenfrequenzen über 500 Hz ist die Bandbreite jeweils um etwa 20 % größer als die Mittenfrequenz. Da die in herkömmlichen akustischen Messgeräten verwendeten Terzfilter eine relative konstante Bandbreite von 23 % der Mittenfrequenz besitzen, nähern sie für Frequenzen über 500 Hz die Frequenzauflösung des Gehörs brauchbar an. Bei tiefen Frequenzen müssen jedoch mehrere Terzen durch Addition der Intensitäten zusammengefasst werden, um eine Frequenzgruppe von 100 Hz anzunähern.

Mithilfe der Schallintensität in diesen Frequenzgruppen kann die Schallanalyse des menschlichen Gehörs nachgebildet werden. Dazu ist es notwendig, dass anstelle von Frequenzgruppenfiltern mit theoretisch unendlich steilen Flanken solche Filter eingesetzt werden, die den tatsächlich in unserem Hörsystem vorhandenen Filterflanken entsprechen. Ein solches Verfahren führt zu einer (Rechen)-Größe, die als „Erregung“ (Excitation) bezeichnet wird. In der Regel werden Erregungspegel (Frequenzgruppenpegel) bestimmt, die formal einem Schallpegel entsprechen.

Die Intensität in der Frequenzgruppe (I_G) wird nach Gl. 1 ermittelt.

$$I_G(f) = \int_{f-0{,}5\cdot\Delta f_G(f)}^{f+0{,}5\cdot\Delta f_G(f)} \frac{dI}{df}df \qquad (1)$$

Der Frequenzgruppenpegel (L_G) kann mit Hilfe von Gl. 2 gebildet werden. Hierbei ist I0 = 10−12 W/m^2.

$$L_G = 10\ .\ \log\frac{I_G}{I_0}\ \text{dB} \qquad (2)$$

Der Frequenzgruppenpegel entspricht einer sogenannten Kernerregung. Darunter wird die Erregung verstanden, die durch die Schallanteile innerhalb der Frequenzgruppe hervorgerufen wird. Darüber hinaus muss eine Flankenerregung beachtet werden. Unter Flankenerregung wird die Erregung durch benachbarte Frequenzgruppen verstanden. Die Flankenerregung lässt sich durch Anlegen von Maskierungsflanken (vgl. Abb. 4) an die benachbarten Kernerregungen bestimmen. Zur Ermittlung der Flankenerregung einer Frequenzgruppe werden die von den benachbarten Kernerregungen hervorgerufenen Anteile durch Pegeladdition zusammengefasst. Die Gesamterregung einer Frequenzgruppe ergibt sich abschließend durch eine Intensitätsaddition von Kernerregungspegel und Flankenerregungspegel. Abb. 4 zeigt die

[5] In neueren Ansätzen wird die Bark Skala durch die (ERB) Skala (equivalent rectangular bandwidth) ersetzt (z. B. [44]). Die ERB-Skala unterteilt den hörbaren Frequenzbereich in 40 Frequenzbänder.

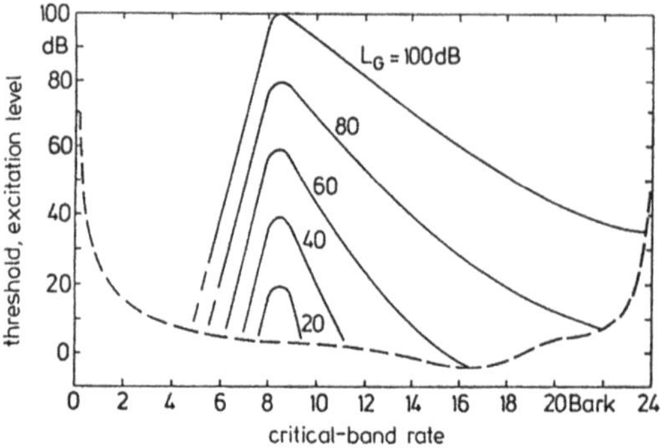

Abb. 4 Erregungspegel über den Frequenzgruppen für ein frequenzgruppenbreites Rauschen mit einer Mittenfrequenz von 1 kHz. LG ist der Pegel des frequenzgruppenbreiten Rauschens. [65, S. 168]

Maskierungsflanken über den Frequenzgruppen für ein stationäres frequenzgruppenbreites Rauschen mit der Mittenfrequenz von 1 kHz.

Während die Verläufe bis 40 dB noch relativ symmetrisch sind, werden sie bei höheren Pegeln immer unsymmetrischer. Die linke (untere) „Verdeckungsflanke" ist nahezu frequenz- und pegelunabhängig. Ihre Steigung kann durch Gl. 3 beschrieben werden [32, 53, 65]

$$S_2 = 27 \ \frac{dB}{Bark} \qquad (3)$$

Die Flankensteilheit der rechten (oberen) „Verdeckungsflanke" ist dagegen sowohl frequenzals auch stark pegelabhängig. Sie kann z. B. nach Terhardt durch Gl. (4), nach Genuit durch Gl. (5) angenähert werden. Hierbei sind f_{KE} und L_{KE} Mittenfrequenz und Pegel der entsprechenden Kernerregung.

$$S_1 = -24 - \frac{230\ Hz}{f_{KE}} + 0{,}2 \cdot \frac{L_{KE}}{dB} \quad \frac{dB}{Bark} \qquad (4)$$

$$S_1 = -24 - \frac{230\ Hz}{f_{KE}} + 0{,}2 \cdot \frac{L_{KE}}{dB} - 1{,}95 \cdot 10^{-6} \cdot \left(\frac{L_{KE}}{dB}\right)^3 \quad \frac{dB}{Bark} \qquad (5)$$

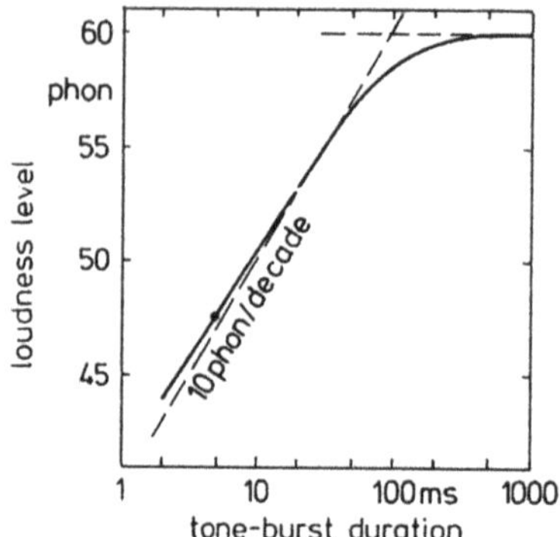

Abb. 5 Lautstärkepegel eines 2 kHz Tonimpulses, in Abhängigkeit von der Tonimpulsdauer. Die gestrichelten Linien zeigen die üblichen Näherungen. [65, S. 217]

3.4 Lautstärkewahrnehmung in Abhängigkeit von der Schallereignisdauer

Die Lautstärkewahrnehmung für länger andauernde Schallereignisse ist bei gleichem Lautstärkepegel[6] unabhängig von der Dauer. Unterhalb einer Signaldauer von etwa 200 ms beginnt eine Reduzierung der Lautstärkewahrnehmung. Bei Signaldauern (deutlich) kleiner als 100 ms nimmt die Lautstärkewahrnehmung mit geringer werdender Signaldauer linear ab. Eine Reduzierung der Schalldauer um den Faktor 10 ist in diesem Bereich mit einer Reduzierung des Lautstärkepegels um etwa 10 phon verbunden. Bei einem Lautstärkepegel eines ununterbrochenen Tons von 60 phon entspricht dies einer Lautstärke von 50 phon, wenn die Schalldauer auf 10 ms verkürzt wird (vgl. Abb. 5).

4 Psychoakustische Kenngrößen elementarer Wahrnehmungskomponenten

Die akustische Wahrnehmung des Menschen lässt sich in elementare Wahrnehmungskomponenten (Hörempfindungen) aufteilen, vergleichbar etwa

[6] Vgl. Abschnitt Lautstärkepegel (Loudness level).

mit der Aufteilung der Geschmackswahrnehmung in bitter, süß, salzig und sauer. Für jede dieser Hörempfindungen sind in psychoakustischen Versuchen Kenngrößen ermittelt worden. Sie gehen in ihrer heutigen Form mehrheitlich auf Arbeiten der „Münchner Schule" um Zwicker und Fastl zurück (vgl. [62, 63, 65]).

Nachfolgend werden die wichtigsten Kenngrößen vorgestellt und ihre Berechnung erläutert.

4.1 Kenngrößen der Hörempfindung „Lautstärkewahrnehmung (sound intensity perception)"

4.1.1 Lautstärkepegel (Loudness level)

Für Töne oder schmalbandige Geräusche kann die Frequenzabhängigkeit der Lautstärkewahrnehmung des Menschen bei der Pegelbildung berücksichtigt werden, indem die Messwerte anhand der Kurven gleicher Lautstärke korrigiert werden. Dieser frequenzbewertete Pegel wird als Lautstärkepegel L_N bezeichnet[7] und erhält die Einheit phon. Für breitbandige Geräusche sind eigene Hörversuche notwendig. Dem Lautstärkepegel wird im Hörversuch ein Zahlenwert zugeordnet, der mit dem Schalldruckpegel eines gleich lauten 1 kHz Tones identisch ist. Der Lautstärkepegel geht auf Arbeiten von H. Barkhausen zurück (z. B. [5]) und ist heute in der DIN ISO 226 [21] genormt (vgl. Abb. 6). Das Phonmaß stellt einen ersten Schritt in der Entwicklung von Lautstärke- bzw. Lautheitsmessverfahren dar.

Ein Schallsignal besitzt beispielsweise einen Lautstärkepegel von 60 phon, wenn es gleich laut empfunden wird wie ein 1 kHz Ton mit einem Schalldruckpegel von 60 dB.

Der Normalwert des Lautstärkepegels L_N eines reinen Tones[8] mit der Frequenz f und dem Schallpegel Lp kann nach DIN ISO 226 durch die Gl. 6 und 7 ermittelt werden.

$$L_N = 40 \cdot \lg B_f \, phon + 94 \, phon \tag{6}$$

$$B_f = \left[0{,}4 \cdot 10^{\frac{L_p + L_U}{10} - 9}\right]^{a_f} - \left[0{,}4 \cdot 10^{\frac{T_f + L_U}{10} - 9}\right]^{a_f} + 0{,}005135 \tag{7}$$

Die Parameter Tf, af und Lu sind in der DIN ISO 226 für Frequenzen von 20 bis 12500 Hz tabelliert.

4.1.2 Lautheit (Loudness)

Oberhalb von 40 phon bedeutet eine Zunahme des Lautstärkepegels um 10 phon ungefähr eine Verdopplung der subjektiv empfundenen Lautstärke (Median der individuellen Urteile, die jedoch stark schwanken). Werden 40 phon = 1 gesetzt, so erhalten 50 phon den Wert 2, 60 phon den Wert 4, 70 phon den Wert 8 usw. Diese Lautstärkeskalierung, wird als Lautheit N[9], mit der Einheit sone bezeichnet. Mit der Lautheit wird demzufolge angegeben, um wie viel mal lauter ein Schallereignis im Vergleich zu einem anderen Schallereignis im Mittel wahrgenommen wird. Aus dieser Eigenschaft wird die größere Nähe der Lautheit zur tatsächlichen Lautstärkewahrnehmung abgeleitet [43, 61–63]. Oberhalb von 40 phon kann der Zusammenhang durch die Gl. 8 beschrieben werden (Abb. 7).

$$N = 2^{0{,}1 \cdot (L_N - 40)} \text{ sone} \tag{8}$$

Die Lautheit N kann nach Gl. 9 und 10 in einen Lautstärkepegel umgerechnet werden [DIN 45631].

$$\frac{L_N}{phon} = 40 + 33{,}22 \cdot \log \frac{N}{sone} \quad N > 1\,sone \tag{9}$$

$$\frac{L_N}{phone} = 40\left(\frac{N}{sone} + 0{,}0005\right)^{0{,}35} \quad N < 1\,sone \tag{10}$$

[7]In DIN 45630 Blatt 1 und in ISO/R 131 auch als Ls bezeichnet.

[8]Der Normalwert des Lautstärkepegels ist der Lautstärkepegel, der mit einer Häufigkeit von 0,5 von otologisch normalen Personen im Alter von 18 bis 25 Jahren angegeben wird.

[9]In DIN 45630 Blatt 1 und in ISO/R 532–1966 wird die Lautheit mit dem Formelzeichen S angegeben.

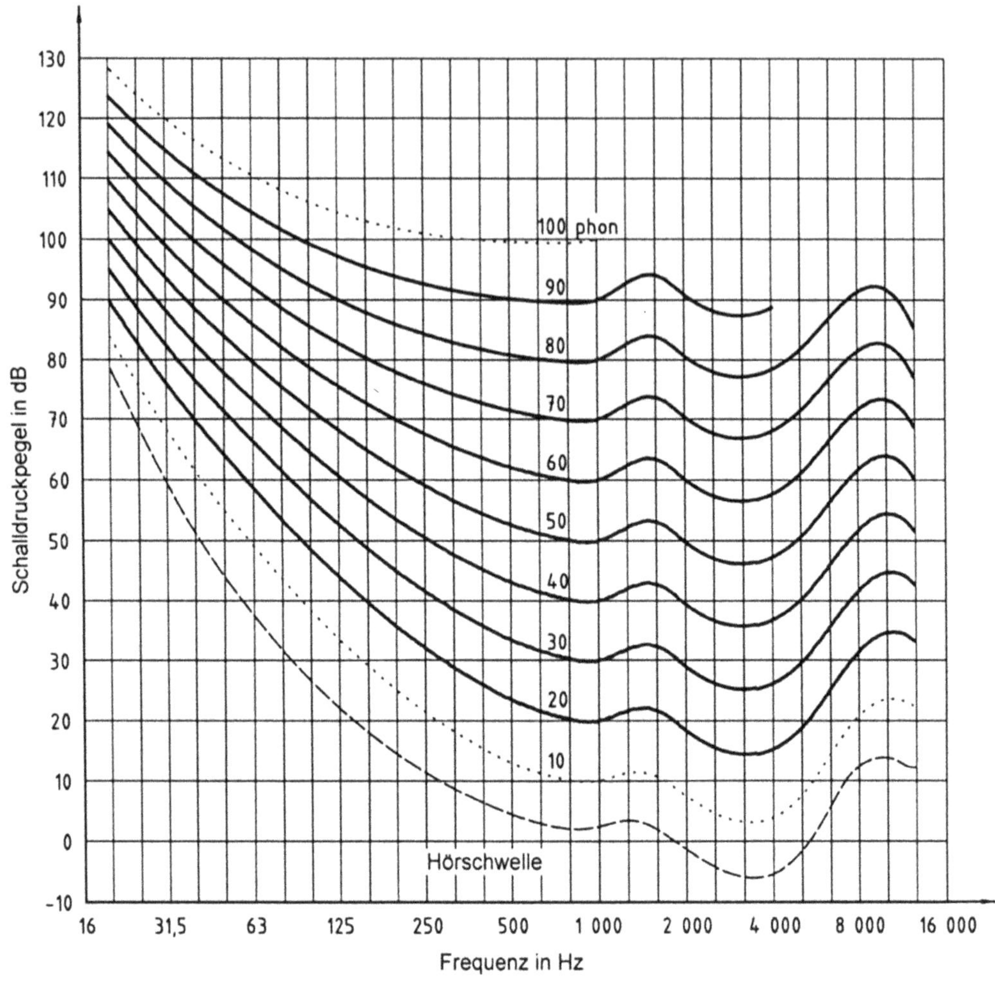

Abb. 6 Normalkurven gleicher Lautstärkepegel für reine Töne (binaurales Hören im freien Schallfeld bei frontalem Schalleinfall für otologisch normale Personen im Alter von 18–25 Jahren) ([DIN ISO 226] Anhang A)

4.1.3 Lautheit nach Zwicker (Zwicker Loudness)

Zusätzlich zum Schalldruckpegel und der Frequenz ist die Lautheit auch von der Bandbreite eines Signals abhängig. So führt eine Vergrößerung der Bandbreite zu einer Erhöhung der Lautheit, wenn der Frequenzumfang des Schallereignisses die Frequenzgruppenbreite (critical bandwidth) überschreitet.

Grundlage für die Berechnung der Lautheit breitbandiger Geräusche ist daher die Erregung in den Frequenzgruppen, die durch ein Schallereignis hervorgerufen wird (vgl. Absatz „Frequenzgruppen und Erregung“). Es ist darauf zu achten, dass die Übertragungsfunktion von Außen- und Mittelohr angemessen berücksichtigt wird[10]. In einem zweiten Schritt wird aus dem Erregungsmuster die Lautheit bestimmt. Ein Schema der Arbeitsschritte zeigt Abb. 8.

Berechnung der Zwicker-Lautheit aus dem Erregungsmuster

Die Erregungspegel-Tonheitsmuster werden in einem ersten Schritt in spezifische Lautheits-Tonheitsmuster transformiert. Diese

[10]Durch die Übertragungsfunktion wird der Filterwirkung des Außenohres Rechnung getragen. Dabei ist zu berücksichtigen, ob der Schall aus einem ebenen oder diffusen Schallfeld stammt.

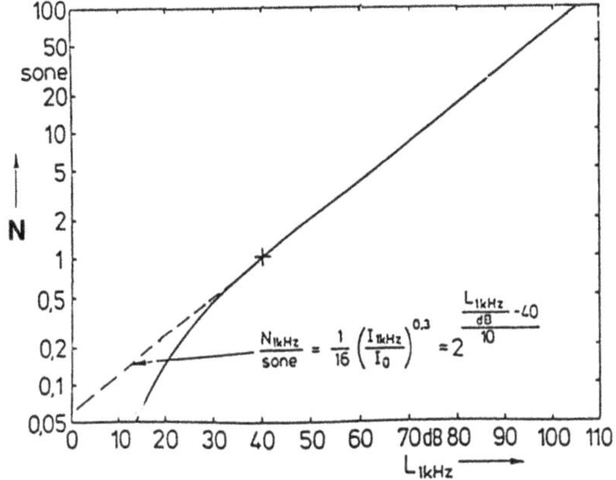

Abb. 7 Lautheitsfunktion für einen 1 kHz-Ton (durchgezogene Linie). Oberhalb von 40 dB entspricht eine Erhöhung von 10 dB im Mittel einer Verdoppelung der empfundenen Lautstärke. Unterhalb von 40 dB genügen niedrigere Schallpegeldifferenzen zur Verdoppelung der Lautstärkewahrnehmung. (Quelle: [62, S. 81])

Transformation erfolgt in Anlehnung an das Potenzgesetz von Stevens[11] [49] indem eine Potenzfunktion mit festem Exponenten sowie eine tonheitsabhängige Grunderregung angenommen werden. Die spezifische Lautheit N′(z) kann nach Zwicker mit der Gl. (11) aus der Gesamterregung E(z) errechnet werden.

$$N'(z) = N'_0 \cdot \left(\frac{1}{s(z)}\frac{E_{HS}(z)}{E_0}\right)^{0,23} * \left[\left(1 - s(z) + s(z)\cdot\frac{E(z)}{E_0}\right)^{0,23} - 1\right]\frac{sone}{Bark} \quad (11)$$

mit:

N′(z)	spezifische Lautheit in Abhängigkeit von der Tonheit z
N′0	Normierungsfaktor
s(z)	Schwellenfaktor in Abhängigkeit von der Tonheit z
EHS(z)	Erregung der im menschlichen Ohr vorhandenen Grundaktivität in Abhängigkeit von der Tonheit z
E_0	Bezugswert der Erregung = 10_4
E(z)	Gesamterregung in Abhängigkeit von der Tonheit z

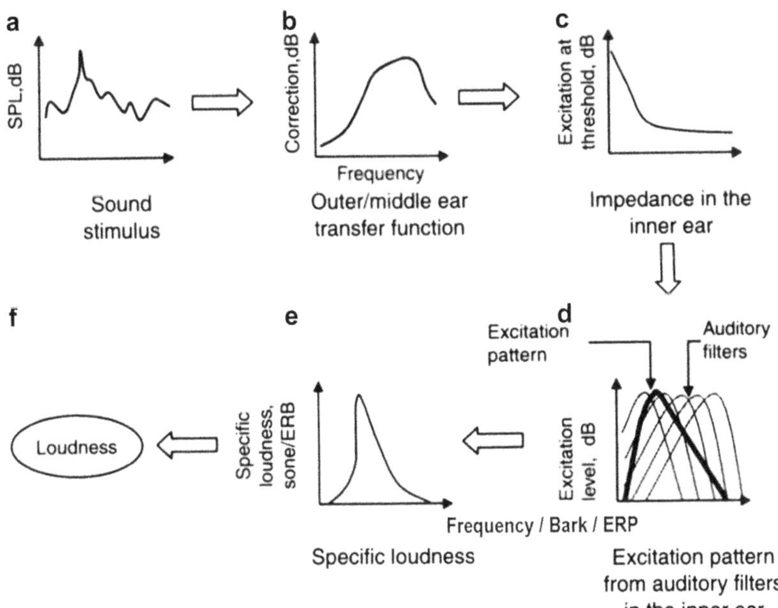

Abb. 8 Schematisches Diagramm der verschiedenen Arbeitsschritte im Lautheitsmodell von Zwicker und neueren Ansätzen. (Quelle: [44])

[11] Stevensches Potenzgesetz: Wahrnehmung = c (Reiz)n.

Die Erregung der im menschlichen Ohr vorhandenen Grundaktivität (Eigenrauschen) kann durch die Gl. 12 angenähert werden (vgl. [50]).

$$E_{HS}(z) = 10^{\left(0{,}364 \cdot \left(\frac{f}{1000}\right)^{-0{,}8}\right)} \tag{12}$$

Der Schwellenfaktor s(z) kann mit Hilfe der Gl. 13 bestimmt werden. Er nimmt Werte zwischen 0,65 für tiefe Frequenzen und 0,25 für hohe Frequenzen an.

$$s(z) = 10^{(0{,}364 - 0{,}005 \cdot z)} - 1 \tag{13}$$

Der Normierungsfaktor N'0 dient der Kalibrierung. Er wird so gewählt, dass sich für einen 1 kHz Sinuston mit einem Schalldruckpegel von 40 dB eine Lautheit von N = 1 sone ergibt.

Die Gesamtlautheit N wird schließlich durch Integration der spezifischen Lautheit N′(z) über die Frequenzgruppen gewonnen (Gl. 14).

$$N = \int_0^{24\,Bark} N' dz \tag{14}$$

mit:

N	Gesamtlautheit in Sone
N′(z)	spezifische Lautheit in Sone/Bark
z	Tonheit in Bark

Basierend auf diesem Lautheitsmodell wurde in der ISO-Norm 532 B ein grafisches Verfahren genormt, mit dem bei stationären Geräuschen aus den Terzpegeln ein spezifisches Lautheitsmuster und daraus die Lautheit und der Lautstärkepegel ermittelt werden können. Dieses Verfahren ist ebenfalls in der DIN 45631 genormt[12]. Zusätzlich ist dort ein BASIC-Programm angegeben, welches das grafische Verfahren annähert.

Die Ende der 80er Jahre populäre Programmiersprache BASIC führte oft zu unübersichtlichem Programm-Code, insbesondere wegen der häufig verwendeten GOTO-Anweisung. BASIC wird heute nur noch wenig verwendet. Im Anhang ist eine einfache Umsetzung des Programm-Codes aus der DIN 54631 in MATLAB-Code angegeben, inklusive der Beispiele aus der DIN 54631, die als Testfälle dienen können.

Zum Lautheitsverfahren nach Zwicker wurden mehrere Verbesserungen vorgeschlagen, die aber keine qualitativen Neuerungen beinhalten. So sollte nach Zollner [59] die Berechnung des Erregungsmusters aus dem Maskierungsmuster erfolgen. Moore und Glasberg [43] schlagen eine Berechnung der Erregungsmuster mit Hilfe von auditiven Filtern vor.

Globale Lautheit

Sprache, Musik und Geräusche sind i. d. R. zeitabhängig, und daher ist auch die Lautheit eines Schalls i. d. R. eine zeitabhängige Größe. Bei der „zeitabhängigen Lautheit" muss insbesondere die Abhängigkeit der Lautstärkebildung von der Dauer des Schallereignisses berücksichtigt werden, die einem Tiefpass entspricht (vgl. Lautstärkewahrnehmung in Abhängigkeit von der Schallereignisdauer). Daher ist es notwendig zwischen der momentanen Gesamtlautheit und der zeitabhängigen Gesamtlautheit zu unterscheiden. Die momentane Gesamtlautheit $N_m(t)$ kann durch Gl. 15 bestimmt werden (vgl. Gl. 14).

$$N_m(t) = \int_0^{24\,Bark} N'(z,t)\, dz \tag{15}$$

Die zeitabhängige Gesamtlautheit geht daraus durch Gl. 16 hervor [54].

$$N(t) = \frac{1}{T} \int_{t-T}^{t} N_m(\tau)\, d\tau \tag{16}$$

Auch die zeitabhängige Lautheit ist mittlerweile genormt [DIN 45631/A1:2010-3]. Nach DIN 54631/A1 kann die Messung einkanalig mit einem Mikrofon oder mehrkanalig erfolgen. Der zeitliche Abstand der Spektren bzw. der Einzelwerte soll T = 2 ms betragen. Ein beispielhafter

[12]Die Verfahren der ISO 532b und der DIN 54631 weichen leicht von den hier beschriebenen Spezifikationen ab.

Aufbau eines Lautheitsmessers ist in der Norm angegeben. Dieser besteht im wesentlichen aus einer Terzfilterbank, Gleichrichtung, zeitlicher Mittelung durch Tiefpassfilterung, der Lautheitsberechnung und einer Simulation des zeitlichen Abklingverhaltens des Gehörs für jedes Frequenzband. Das zeitliche Abklingverhalten des Gehörs soll für kurze Signale durch einen steileren Abfall als für längere Signale angenähert werden. Ein elektrisches Netzwerk und ein Rechenprogramm (in der Programmiersprache C) zur Simulation des Abklingverhaltens ist in der DIN 45631/A1 ebenfalls enthalten.

Die angegebenen Aufbauten und Rechenvorschriften in der DIN 54631/A1 sind als Beispiele zu verstehen. Normativ vorgeschrieben sind nur die Testsignale für derartige Lautheitsmesser (drei 1 kHz-Tonimpulse unterschiedlicher Länge sowie ein kombinierter Tonimpuls mit unterschiedlichen Längen und Amplituden) und die damit zu erzielenden Ergebnisse in Form von zeitlichen Sollkurven und zulässigen Grenzabweichungen sowohl für die spezifische Lautheit bei 8,5 Bark als auch für die Summenlautheit. Testsignale sowie Soll- und Grenzkurven sind zusätzlich auf einer zur Norm gehörigen CD-ROM abgespeichert.

Die globale Lautheit (Lautheitsurteil für einen Darbietungszeitraum) wird wesentlich von den lauten Einzelereignissen im Darbietungszeitraum beeinflusst [26, 29, 65]. Bezüglich der gehörgerechten Beurteilung von Geräuschimmissionen bedeutet dies, dass nicht etwa der Mittelwert, sondern eher die maximalen Lautheitswerte in einem Beurteilungszeitraum für die globale Lautheit maßgeblich sind.

Eine genauere Analyse von Versuchsergebnissen zeigte, dass die globale Lautheit in guter Näherung durch einen Perzentilwert der zeitbewerteten Lautheit angenähert werden kann. Für Verkehrslärm liegt dieser Perzentilwert bei etwa 5 % (N5). Dies bedeutet, dass diejenige Lautheit, die in 5 % der Messzeit erreicht oder überschritten wird, ein Maß für die globale Lautheit darstellt (vgl. [29]). Allerdings weist der für die Lautheit von Sprache gefundene Perzentilwert von 7 % (N7) [65] darauf hin, dass der Perzentilwert für natürliche Geräusche etwas höher liegt. Dies wird auch durch Untersuchungen von Prante [46] an ausgewählten Umweltgeräuschen bestätigt. Seine Arbeit legt nahe, dass das 10 %-Perzentil die globale Lautheit von Umweltgeräuschen am besten annähert. Die E DIN 45631/A1 fordert die Angabe der Perzentillautheit N5. Zusätzlich dürfen andere Perzentillautheiten angegeben werden.

4.2 Kenngrößen der Hörempfindung „Tonhöhenwahrnehmung (pitch perception)"

Die Grundlage der abendländischen Musik ist die musikalische bzw. harmonische Tonhöhe. Immer wenn die Frequenz eines Tones um ein bestimmtes Verhältnis erhöht wird, steigt auch die harmonische Tonhöhe um ein vorgegebenes Intervall. Eine Verdoppelung der Frequenz lässt die harmonische Tonhöhe z. B. um eine Oktave steigen.

4.2.1 Verhältnistonhöhe (Ratio Pitch)

Wird eine Tonhöhen-Wahrnehmungsfunktion durch Halbieren oder Verdoppeln einer vorgegebenen Tonhöhe ermittelt, so ergeben sich deutliche Unterschiede zur musikalischen Tonhöhe. Um diese „Verhältnistonhöhe" gegen die musikalische Tonhöhe abzugrenzen, wird die „Verhältnistonhöhe" als Tonheit mit der Einheit Mel bezeichnet. Die Mel-Skala wurde 1937 von Stevens, Volkman und Newmann vorgeschlagen. Die Einheit Mel leitet sich vom englischen Wort melody ab. Bezugswert für die Definition der Tonheit nach Stevens war ein Ton mit der Frequenz 1 kHz, ihm wurde die Tonheit 1000 mel zugeordnet.

Zwicker definierte später mit Blick auf die Bark-Skala eine weitere Mel-Skala mit dem musikalischen Ton C (131 Hz) als Bezugswert. Diesem Ton ordnete er die Tonheit $z = 131$ mel zu. Die Tonheit z nach Zwicker zeigt Abb. 9.

Bis zu etwa 500 Hz wird eine Verdoppelung der Frequenz auch als Verdoppelung der Tonheit empfunden. Oberhalb von 500 Hz sind größere Frequenzintervalle notwendig, um eine Tonheitsverdoppelung zu bewirken.

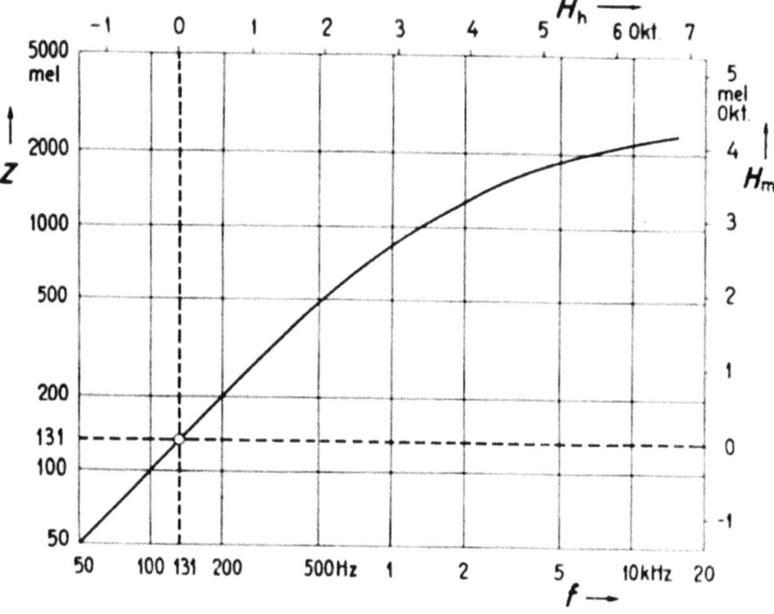

Abb. 9 Tonheit z eines Tones als Funktion seiner Frequenz. (Quelle: [61, S. 83])

Die Tonheit z (vgl. Abb. 9) stimmt (annähernd) mit der Bark-Skala überein. 100 mel entsprechen 1 Bark. Eine häufig genutzte Näherung zur Bestimmung der Tonheit z (in Bark) aus der Frequenz f zeigt Gl. 17 (vgl. [65]).

$$z = \left[13 \cdot \arctan \cdot \left(0{,}76 \cdot \frac{f}{kHz}\right) + 3{,}5 \cdot \arctan \cdot \left(\frac{f}{7{,}5 \cdot kHz}\right)^2\right] \text{Bark} \quad (17)$$

Die inverse Beziehung kann durch Gl. 18 angenähert werden.

$$f = \left(\frac{e^{\left(\frac{0{,}219 \cdot z}{Bark}\right)}}{0{,}352} + 100\right) - 32 \cdot e^{-0{,}15 \cdot \left(\frac{z}{Bark} - 5\right)^2} \text{Hz} \quad (18)$$

4.2.2 Tonhaltigkeit, Ausgeprägtheit der Tonhöhe (pitch strength)

Die Tonhaltigkeit (pitch strength), von einigen Autoren auch als Tonalität bezeichnet [55], bezeichnet die Wahrnehmung der Tonhaltigkeit in einem Schallereignis. Ein 1 kHz- Ton wird als sehr stark tonal wahrgenommen. Andere Signale, z. B. Klänge oder Hochpassrauschen, werden weniger stark tonal bzw. nur noch schwach tonal wahrgenommen. Für diese Wahrnehmungsgröße ist es nicht möglich, einen allgemeinen mathematischen Zusammenhang zu formulieren. Es kann lediglich eine Rangfolge der einzelnen Signaltypen bezüglich ihrer Tonhaltigkeit erstellt werden. Aus diesem Grund wurde der Tonhaltigkeit bisher keine Einheit zugewiesen.

Die besondere Lästigkeit tonhaltiger Geräusche wird bei der Bildung von Beurteilungspegeln durch einen Tonzuschlag berücksichtigt (vgl. [DIN 45681]. In der DIN 45681 [2002] wird die Tonhaltigkeit definiert, als das Auftreten eines Tones im Geräusch, dessen Pegel den Pegel der übrigen Geräuschanteile in der Frequenzgruppe um weniger als den Betrag des Verdeckungsmaßes av unterschreitet. Das Verdeckungsmaß av wird hierbei als frequenzabhängige Differenz zwischen der Mithörschwelle und dem Frequenzgruppenpegel des verdeckenden Geräusches berechnet und liegt zwischen den Werten −2 dB und −6 dB (DIN 45681:2002, Abschn. 5.3.5).

4.3 Hörempfindung „Schärfe (sharpness)"

Die Schärfe eines Schallereignisses lässt sich unabhängig von seiner Lautheit wahrnehmen. Sie kann durch Hörversuche ermittelt werden, bei dem die Versuchspersonen Geräusche auf einer Skala mit den Optionen „stumpf" bis „scharf" zuordnen [28]. Darüber hinaus lassen sich Schärfeverhältnisse bestimmen, d. h. es kann ein halb so scharfer oder doppelt so scharfer Schallreiz ermittelt werden.

Die Schärfe eines Schallereignisses hängt von seiner Frequenzzusammensetzung ab. Grundsätzlich wird ein Schallereignis umso schärfer empfunden, je mehr hohe Frequenzen im Signal enthalten sind. Da es bei einem Pegelanstieg von 30 dB auf etwa 90 dB lediglich zu einer Verdoppelung der Schärfe kommt, kann die Pegelabhängigkeit der Schärfe für Schalle mit kleinen Pegeldifferenzen vernachlässigt werden. Ist die Bandbreite eines Schallereignisses darüber hinaus kleiner als die Frequenzgruppenbreite, so ist die Schärfe nur geringfügig von der Bandbreite abhängig. Die wichtigsten Größen, die die Schärfe beeinflussen, sind demzufolge das Spektrum und bei schmalbandigen Geräuschen deren Mittenfrequenz. Einem Schmalbandrauschen ($\Delta f \leq \Delta fG \sim 160$ H) der Mittenfrequenz 1 kHz mit einem Schalldruckpegel von 60 dB wird daher eine Schärfe von 1 acum (acum = lat. scharf) zugeordnet. Dieser Referenzschall ist in Abb. 10 durch ein Kreuz gekennzeichnet.

4.3.1 Berechnung der Schärfe

Die Schärfeempfindung des Menschen wird durch die spektrale Einhüllende (Hüllkurve) eines Geräusches bestimmt. Die „wirksame" spektrale Einhüllende wird in der Psychoakustik durch das Erregungspegel-Tonheitsmuster bzw. durch die spezifischen Lautheiten beschrieben. Grundlage aller Kenngrößen zur Berechnung der Schärfe ist daher das Lautheits-Tonheitsmuster, das im Abschnitt „Lautheit nach Zwicker" beschrieben wurde. Die Zunahme der Schärfe bei höheren Frequenzen wird dabei durch eine Gewichtsfunktion g(z) berücksichtigt (vgl. Abb. 11). Als Einzahlwert für die psychoakustische Schärfe wird nach v. Bismark [6] der Schwerpunkt des gewichteten Lautheits-Tonheitsmusters berechnet. Die gewichtete Gesamtlautheit wird abschließend durch die Gesamtlautheit N dividiert. Das Verhältnis ist ein Maß für die Schärfewahrnehmung, wobei der Faktor c das Ergebnis auf den Referenzschall normiert. Zur eindeutigen Zuordnung wird nach [DIN 45692] die Kenngröße der Schärfe nach v. Bismarck durch das Formelzeichen S_B gekennzeichnet, der Faktor c erhält nach DIN den Wert 0,11.

$$S_B = \frac{c}{N} \cdot \int_0^{24\,Bark} N'(z) \cdot g_B(z) \cdot {}^{z}\!/_{Bark}\, dz \qquad \text{acum} \qquad (19)$$

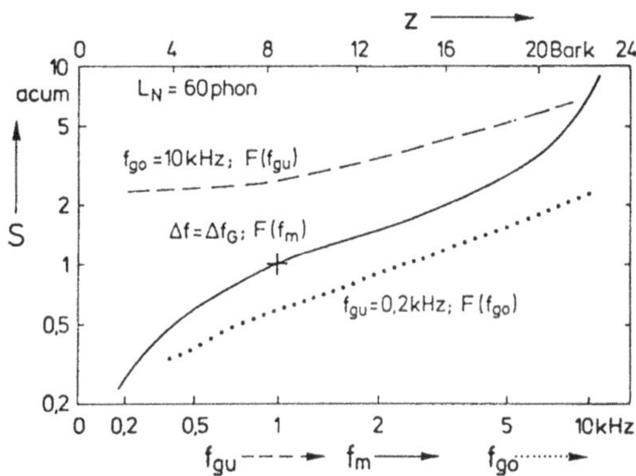

Abb. 10 Die Schärfe von Schmalbandrauschen (durchgezogen), Tiefpassrauschen (punktiert) und Hochpassrauschen (gestrichelt) als Funktion der Mittenfrequenz fm, der oberen Grenzfrequenz fgo bzw. der unteren Grenzfrequenz fgu. Das Kreuz markiert den Referenzschall mit einer Schärfe von 1 acum. (Quelle: [62, S. 84])

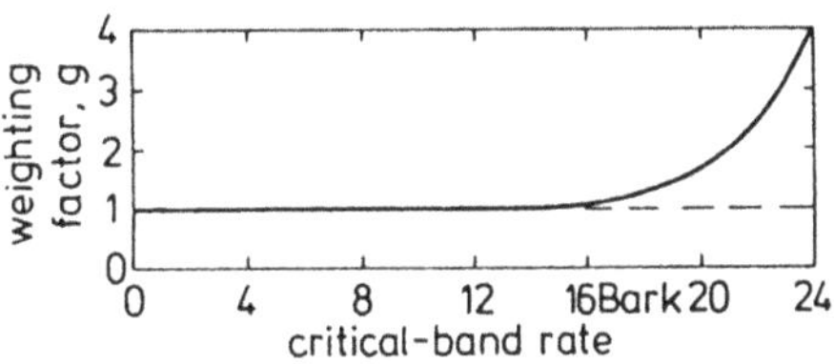

Abb. 11 Gewichtsfunktion gB(z) für die Schärfeberechnung nach Bismarck über den Frequenzgruppen. (Quelle: [65, S. 242])

Die Gewichtungsfunktion gB(z) hat bis 15 Bark den Funktionswert 1, oberhalb von 15 Bark steigt die Gewichtungsfunktion exponentiell an (vgl. Abb. 11). Sie kann durch die Gl. 20 und 21 beschrieben werden [DIN 45692].

$$g_B(z) = 1 \text{ für } 0 < z \leq 15\,Bark \quad (20)$$

$$g_B(z) = 0{,}2 \cdot e^{0{,}308 \cdot \left(\frac{z}{Bark} - 15\right)} + 0{,}8 \quad \text{für } 15 < z \leq Bark \quad (21)$$

Die Berechnungsvorschrift nach v. Bismarck vernachlässigt den Einfluss der absoluten Lautheit auf die Schärfe. Daher wurde von Aures [1, 2] ein modifiziertes Verfahren vorgeschlagen. Das Verfahren von Aures kompensiert die Abhängigkeit der Schärfe von der absoluten Lautheit. Nach DIN 45692 wird die Kenngröße der Schärfe nach Aures durch das Formelzeichen S_A gekennzeichnet.

$$S_A = \frac{c}{N} \cdot \int_0^{24\,Bark} N'(z) \cdot g_A(z) \cdot {}^{z}/_{Bark} dz \quad \text{acum} \quad (22)$$

Der Faktor c = 0,11 in Gl. (22) normiert auch hier das Ergebnis auf den Referenzschall.

Gl. 23 beschreibt die von Aures modifizierte lautheitsabhängige Gewichtsfunktion.

$$g_A(z) = 0{,}078 \cdot \frac{e^{0{,}171 \cdot \frac{z}{Bark}}}{\frac{z}{Bark}} \cdot \frac{\frac{N}{sone}}{\ln\left(0{,}05 \cdot \frac{N}{sone+1}\right)}$$

Gewichtungsfunktion nach Aures (23)

Die Schärfe ist seit August 2009 in der DIN 45692 [23] genormt. Dort ist neben dem Berechnungsverfahren zur quantitativen Bestimmung der „Schärfe“ von Geräuschen auch ein Prüfverfahren für entsprechende Messsysteme festgelegt. Die Kenngröße der Schärfe nach E DIN 45692 wird durch S gekennzeichnet und nach Gl. 24 berechnet.

$$S = \frac{0{,}11}{N} \cdot \int_0^{24\,Bark} N'(z) \cdot g(z) \cdot {}^{z}/_{Bank} dz \quad \text{acum} \quad (24)$$

Die Gewichtsfunktion nach DIN 45692 entspricht annähernd der Gewichtsfunktion nach v. Bismarck (vgl. Abb. 12).

Die Gewichtsfunktion nach DIN 45692 in Abb. 12 wird durch die Gl. 25 und 26 beschrieben.

$$g(z) = 1 \text{ für } 0 < z \leq 15{,}8\,Bark \quad (25)$$

$$g(z) = 0{,}15 \cdot e^{0{,}42 \cdot \left(\frac{z}{Bark} - 15{,}8\right)} + 0{,}85 \quad \text{für } 15{,}8 < z \leq 24\,Bark \quad (26)$$

4.4 Hörempfindung „Rauhigkeit (Roughness)“

Die Rauhigkeit ist eine weitere elementare Wahrnehmungskomponente, die bei schnellen Amplitudenschwankungen hervortritt. Die Rauhigkeitswahrnehmung kann durch zwei Töne mit gleicher Amplitude aber

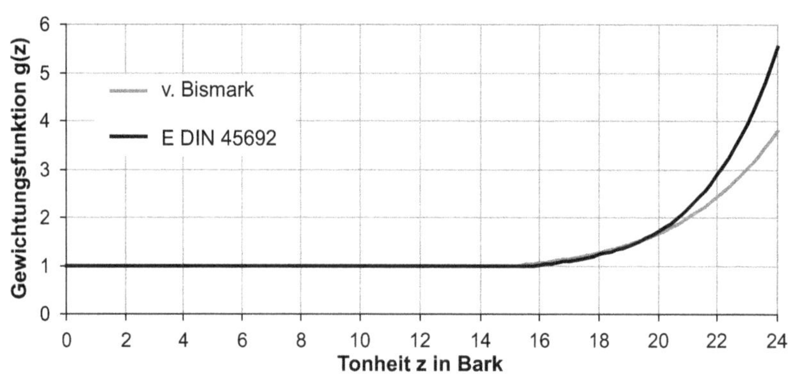

Abb. 12 Gewichtsfunktion g(z) für die Schärfeberechnung nach DIN 45692 (schwarz) sowie nach v. Bismarck (rot) über den Frequenzgruppen. (Quelle: nach [DIN 45692], S. 7 und 12) (Farbig online)

leicht unterschiedlichen Frequenzen f1 und f2 demonstriert werden. Ist der Frequenzunterschied zwischen den Tönen klein, so wird eine Schwebung wahrgenommen, d. h. ein Ton mit der Frequenz $f = f_1 + {}^{\Delta f}/_2$, dessen Lautstärke mit Δf schwankt. Wird der Frequenzunterschied vergrößert und überschreitet dieser etwa 15 Hz, so tritt an die Stelle der Schwebung eine Rauhigkeitswahrnehmung. Wird der Frequenzunterschied schließlich so groß, dass die Frequenzunterschiedschwelle überschritten wird, werden zwei einzelne Töne wahrgenommen, die den Frequenzen f1 und f2 entsprechen. Rauhe Schalle werden oft als „missklingend" und „unangenehm" bezeichnet [52]. Wie bei der Schärfe lassen sich auch für die Rauhigkeit Verhältnisse bestimmen, d. h. es kann ein halb so rauher oder doppelt so rauher Schallreiz ermittelt werden.

Die Rauhigkeitswahrnehmung ist besonders ausgeprägt bei frequenz- und amplitudenmodulierten Tönen. Eine starke Abhängigkeit vom Schalldruckpegel ist dagegen nicht zu verzeichnen. Erst eine Erhöhung des Schalldruckpegels um etwa 40 dB bewirkt eine Verdoppelung der Rauhigkeit. Einem 1 kHz Ton mit einem Pegel von 60 dB, der mit einer Modulationsfrequenz von $f_{mod} = 70$ Hz und einem Modulationsgrad von m = 1 amplitudenmoduliert ist (Referenzschall), wird die Rauhigkeit R = 1 asper (lat. rauh) zugeordnet. Die Abhängigkeit amplitudenmodulierter Töne vom Modulationsgrad m, der Modulationsfrequenz f_{mod} sowie der Frequenz f_c des Tones zeigt die Abb. 13.

Der Zusammenhang zwischen der Rauhigkeit und dem Modulationsgrad in Abb. 13 (Teil a) lässt sich unter Beachtung der logarithmischen Skaleneinteilungen durch eine Potenzfunktion (Gl. 27) beschreiben. Vogel [57] gibt einen Exponent von k = 1,5 an, Terhardt [54] einen Exponent 1,8 und von Zwicker und Fastl [65] wird ein Exponent von 1,6 vorgeschlagen.

$$R \sim m^k \qquad \text{asper} \qquad (27)$$

Abb. 13 (Teil b) ist zu entnehmen, dass die Abhängigkeit der Rauhigkeit von der Modulationsfrequenz Bandpasscharakter hat. Bei niedrigen Modulationsfrequenzen steigt die Rauhigkeit mit der Modulationsfrequenz an, erreicht ein Maximum und fällt dann wieder bei höheren Modulationsfrequenzen ab. Das Rauhigkeitsmaximum wird für Trägerfrequenzen über 1 kHz bei einer Modulationsfrequenz von etwa 70 Hz erreicht. Unterhalb einer Trägerfrequenz von 1 kHz verschiebt sich das Maximum zu kleineren Modulationsfrequenzen und die Rauhigkeit verringert sich.

4.4.1 Berechnung der Rauhigkeit

Aus den experimentellen Ergebnissen zogen Zwicker & Fastl den Schluss, dass sowohl die Frequenz- als auch die Zeitauflösung des menschlichen Gehörs für die Rauhigkeitsempfindung verantwortlich sind. Die Frequenzauflösung

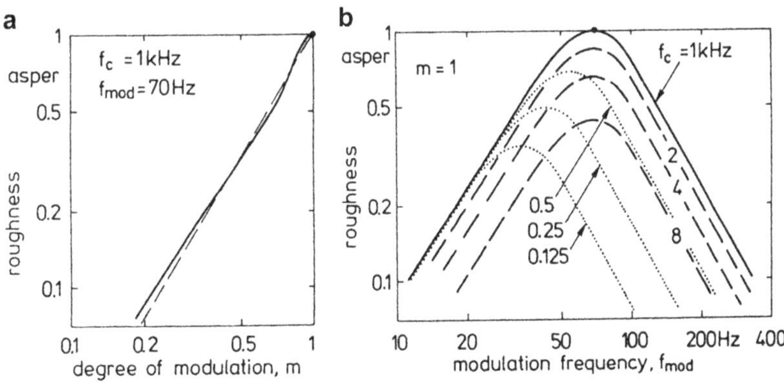

Abb. 13 Rauhigkeit (R) eines amplitudenmodulierten Tones in Abhängigkeit vom Modulationsgrad m (Teil a) sowie der Modulationsfrequenz fmod (Teil b). Im Teil b wird die Trägerfrequenz fc als Parameter variiert. (Aus [65, S. 258])

des Gehörs ist durch die Aufteilung in Frequenzgruppen gegeben, die zeitlichen Effekte können durch die Maskiertiefe $(\Delta L)^{13}$ und die Modulationsfrequenz beschrieben werden. Die Multiplikation von Maskiertiefe und Modulationsfrequenz modelliert den Bandpasscharakter in Abb. 13 (Teil b), da die Maskiertiefe für große Modulationsfrequenzen gegen null strebt (aufgrund der begrenzten zeitlichen Auflösung des Gehörs). Unter Beachtung der Frequenzauflösung in Form von Frequenzgruppen kann für die Rauhigkeit die Beziehung (28), mit der Erregungspegeldifferenz ΔL_E formuliert werden.

$$R \sim f_{\text{mod}} \cdot \int_0^{24\,Bark} \Delta L_E(z)\,dz \qquad \text{asper} \qquad (28)$$

Die Gl. (28) weist jedoch einen entscheidenden Nachteil auf, da für unmodulierte Signale keine Daten über die jeweilige Erregungspegeldifferenz in den Frequenzgruppen verfügbar sind.

Eine Lösung des Problems stellt das heute überwiegend eingesetzte Berechnungsverfahren für die Rauhigkeit von Aures [3] dar. Das Berechnungsverfahren nach Aures geht nicht von der Maskiertiefe direkt, sondern von spezifischen Rauhigkeiten r′(z) aus. Die Rauhigkeit ergibt sich in dem Modell von Aures durch Integration der spezifischen Rauhigkeit über die Tonheit. Durch einen Faktor c kann der Referenzschall auf die festgelegte Rauhigkeit von 1 asper normiert werden (vgl. Gl. 29).

$$R = c \cdot \int_{z=0}^{24\,Bark} r'(z)\,dz \qquad \text{asper} \qquad (29)$$

Die spezifischen Rauhigkeiten r′(z) lassen sich aus der relativen Schwankung der Erregung an der Stelle z ermitteln. Diese relativen

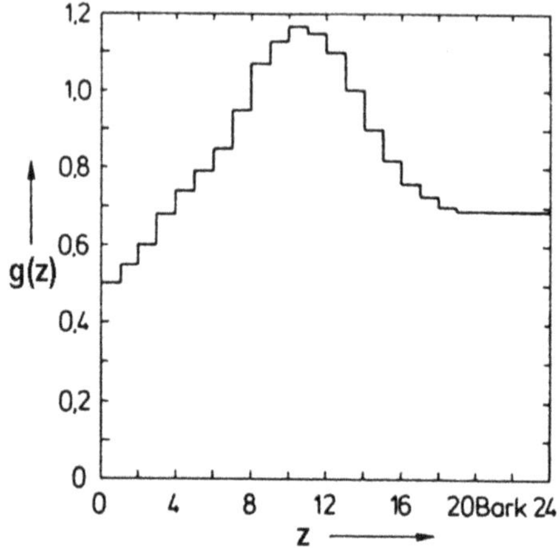

Abb. 14 Spektrale Gewichtung der relativen Hüllkurvenschwankungen (m*) ([3] modifiziert)

Hüllkurvenschwankungen m*[14] sind bei sinusförmigen Hüllkurvensignalen dem Modulationsgrad m proportional. Sie haben aber den Vorteil, dass sie für beliebige Hüllkurvenfluktuationen berechnet werden können. Die relativen Hüllkurvenschwankungen müssen noch mit einer tonheitsabhängigen Gewichtsfunktion g(z) multipliziert werden (vgl. Abb. 14), um die Abhängigkeit der Rauhigkeit von der Trägerfrequenz bei amplitudenmodulierten Tönen zu berücksichtigen.

Da für die Beziehung zwischen Rauhigkeit und Modulationsgrad näherungsweise $R \sim m^2$ gilt (vgl. Gl. 27), lässt sich aus der Hüllkurvenfluktuation die Teilrauhigkeit für jede Frequenzgruppe i nach Gl. 30 bestimmen.

$$r_i' \sim \left(g(z_i) \cdot m_i^*\right)^2 \qquad \text{asper/Bark} \qquad (30)$$

Die Gesamtrauhigkeit ergibt sich nun durch eine Summation der Teilrauhigkeiten r′i (Gl. 31).

$$R = c \sum_{i=1}^{N} r'_{\;i} \Delta z \qquad \text{asper} \qquad (31)$$

[13]Die Maskiertiefe berechnet sich nach Zwicker [62] aus der Pegeldifferenz zwischen Minima und Maxima von Mithörschwellen-Zeitmustern.

[14]Die relativen Hüllkurvenschwankungen m* werden als Quotient des Effektivwerts der Hüllkurve an der Stelle z und des Mittelwerts der Erregungszeitfunktion |e(t, z)| gebildet. Die Erregungszeitfunktion e(t, z) kann aus der Erregungspegelverteilung über der Tonheit durch inverse Fouriertransformation gewonnen werden.

mit Δz = Frequenzgruppenbandbreite (1 Bark).

Die nach Gl. 31 berechneten Rauhigkeiten sind jedoch für unmodulierte Signale wesentlich größer als die entsprechenden Rauhigkeiten aus psychoakustischen Versuchen Als Grund wird angenommen, dass das Gehör die Hüllkurvenschwankungen in benachbarten Frequenzgruppen nicht unabhängig voneinander auswertet. Aures gewichtete daher die Teilrauhigkeiten r'i mit den Mittelwerten der normierten Kreuzkorrelationskoeffizienten ki−1 und ki der bandpassgefilterten Hüllkurvenzeitfunktionen der benachbarten Frequenzgruppen i−1, i und i, i+1. Hohe Korrelationen ergeben so einen Wert, der gegen 1 strebt, geringe Korrelationen einen Wert nahe bei Null. Durch diese Modifikation ergibt sich die Gl. 32.

$$R = c \cdot \sum_{i=1}^{N} r_i' \, \Delta z \cdot \frac{(k_{i-1} + k_i)}{2} \quad \text{asper} \quad (32)$$

Die Gl. 32 liefert eine insgesamt gute Übereinstimmung zwischen errechneten Rauhigkeitswerten und erfragten Rauhigkeitsurteilen [3].

Weiterentwickelte Versionen des Verfahrens von Aures wurden z. B. von Daniel et al [17] sowie von Pflüger et al. [45] publiziert.

Die Rauhigkeit ist keine genormte Kenngröße.

4.5 Hörempfindung „Schwankungsstärke (fluctuation strength)"

Bei amplituden- oder frequenzmodulierten Schallsignalen, bei denen die Modulationsfrequenz weniger als 20 Hz beträgt, wird keine Rauhigkeit des Schalls wahrgenommen, sondern eine Fluktuation. Diese Fluktuationen werden als zeitliche Lautstärkeänderungen gehört. Bei höheren Modulationsfrequenzen bleibt die Lautheit gleich aber das Hörereignis wird als zunehmend rauher empfunden. Die wahrgenommenen Pegeländerungen zeigen bezüglich der Modulationsfrequenz eine Bandpasscharakteristik, die ihr Maximum bei etwa 4 Hz besitzt [25, 27, 58]. Der Einfluss der absoluten Lautheit auf die Schwankungsstärke ist vergleichbar mit dem Einfluss der Lautheit bei der Rauhigkeit. Signale mit einer großen Schwankungsstärke sind jedoch störender als solche mit einer großen Rauhigkeit. Einem 1 kHz-Ton mit einem Schalldruckpegel von 60 dB, der mit einem Modulationsgrad von 1 und einer Modulationsfrequenz von 4 Hz amplitudenmoduliert wird (Referenzschall), wird daher eine Schwankungsstärke von 1 vacil (vacillare = lat. schwanken) zugeordnet. (siehe Abb. 15).

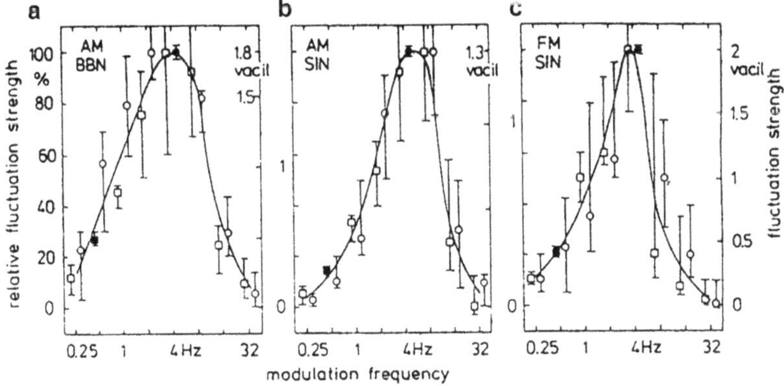

Abb. 15 Die Schwankungsstärke eines amplitudenmodulierten Breitbandrauschens (**a**), eines amplitudenmodulierten Tones (**b**) und eines frequenzmodulierten Tones (**c**) in Abhängigkeit von der Modulationsfrequenz. Die Ordinaten sind unterschiedlich skaliert. Für Frequenzmodulationen ergeben sich höhere Schwankungsstärken. (Quelle: [63, S.223])

4.5.1 Berechnung der Schwankungsstärke

Die Schwankungsstärke kann grundsätzlich direkt aus dem zeitlichen Verlauf der spezifischen Lautheiten berechnet werden (vgl. Gl. 33).

$$F = c \cdot \frac{\int_0^{24Bark} \log(\frac{N'_{\text{max}}}{N'_{\text{min}}})dz}{\frac{T}{0{,}25\,s} + \frac{0{,}25\,s}{T}} \quad \text{vacil} \qquad (33)$$

mit:

N'_{max} *und* N'_{min}	Zeitlich aufeinander folgende Maximal- bzw. Minimalwerte der spezifischen Lautheit
T	Zeitlicher Abstand zweier aufeinander folgender Maximalwerte
c	Faktor zur Kalibrierung auf den Referenzschall

Da jedoch die generelle Bestimmung der zeitlich, veränderlichen Mithörschwellen-Zeitmuster Schwierigkeiten bereitet (vgl. Absatz Rauhigkeit), erfolgt auch hier die Berechnung der Schwankungsstärke über die wirksamen Modulationsgrade der Einhüllenden der Erregungszeitfunktionen, die bereits im Zusammenhang mit dem Rauhigkeitsmodell von Aures beschrieben wurden.

Die Schwankungsstärke ist keine genormte Kenngröße.

4.6 Hörempfindung „Klanghaftigkeit (tonality)"

Hörbare Töne (oder tonale Anteile) in breitbandigen Geräuschen[15] werden i. d. R. als unangenehm empfunden, obwohl ihr Beitrag zur Lautheit überaus gering sein kann. Wird das breitbandige Geräusch im Vergleich zum tonalen Anteil im Pegel angehoben, so verliert der tonale Anteil an Dominanz. Solche tonalen Anteile werden durch die Klanghaftigkeit beschrieben. Für die Klanghaftigkeit werden nach Terhardt [53] und Aures [2, 4] aus dem Amplitudenspektrum eines Signals zwei Komponenten extrahiert. In dem einem befinden sich alle tonalen Anteile, in dem anderen die Rauschanteile. Der Pegel der tonalen Anteile ist nach Korrekturen für Verdeckungsphänomene, Bandbreite, Frequenz und Lautheit ein Maß für die Klanghaftigkeit.

Als Referenzschall zur Bestimmung der Klanghaftigkeit wird ein 1 kHz Sinuston mit einem Pegel von 60 dB verwendet. Diesem Ton wird eine Klanghaftigkeit von 1 tu (tonality unit) zugeordnet.

4.6.1 Berechnung der Klanghaftigkeit

Hinsichtlich klanghaften Komponenten können zwei Fälle unterschieden werden. Erstens dominante Frequenzen (Spektrallinien) und zweitens dominante – schmalbandige Rausch- oder Geräuschanteile. Zur Berechnung der Klanghaftigkeit wird im ersten Schritt das Fourierspektrum nach dominanten Frequenzen mit Hilfe von Gl. 34 abgesucht, wobei Li den Pegel der i-ten dominanten Frequenz bezeichnet.

$$L_{i-1} < L_i \geq L_{i+1} \qquad (34)$$

Im zweiten Schritt wird geprüft, ob eine gefundene, dominante Frequenz eine klanghafte Komponente darstellt. Dies erfolgt nach Terhardt et al. [53] anhand von Gl. 35.

$$L_i - L_{i+j} \geq 7\,dB \quad f\ddot{u}r\,j = -3, -2, +2, +3 \qquad (35)$$

Erfüllt eine dominante Frequenz Li die Gl. 35, so werden die sieben Spektrallinien aus Gl. 35 als klanghafte Komponente zusammengefasst, abgespeichert und aus dem Geräuschspektrum entfernt.

In einem dritten Schritt wird nach verbleibenden schmalbandigen Bereichen mit relativ hoher Intensität gesucht, die schmaler als eine Frequenzgruppe sind. Sie werden zur klanghaften Komponente, wenn in den benachbarten Frequenzgruppen der Schalldruckpegel jeweils um mindestens 7 dB geringer ist [2]. Solche schmalbandigen Bereiche werden ebenfalls gespeichert und aus dem Geräuschspektrum entfernt.

Auf diese Weise entstehen zwei Teilspektren des Schalls, nämlich ein Geräuschspektrum

[15] Es wird vorausgesetzt, dass es sich nicht um Musik bzw. Instrumentalklänge handelt.

welches keine klanghaften Anteile mehr enthält, und ein Spektrum der klanghaften Spektralanteile. Die Klanghaftigkeit der einzelnen Spektralanteile ist unterschiedlich und abhängig von der Frequenzlage, dem Pegelüberschuss[16] und ihrer Bandbreite. Die einzelnen Spektralanteile lassen sich durch die folgenden Gewichtungsfunktionen zusammenfassen (vgl. [48]).

Mit zunehmender Bandbreite Δz nimmt die Klanghaftigkeit ab. Dieses Verhalten kann durch die Gewichtungsfunktion w1 in Gl. 36 berücksichtigt werden[17].

$$w_1(\Delta z_i) = \left(\frac{0{,}13}{\frac{\Delta z_i}{Bark} + 0{,}13} \right)^{\frac{1}{0{,}29}} \quad (36)$$

Die Klanghaftigkeit nimmt dagegen grundsätzlich mit dem Pegelüberschuss zu. Der Pegelüberschuss ΔLi der i-ten tonalen Komponente mit der Frequenz fi kann nach Aures [2] durch Gl. 37 bestimmt werden. Mit dem Pegelüberschuss ΔLi werden die jeweiligen Verdeckungseffekte berücksichtigt.

$$\Delta L_i = L_i - \log_{10} \left(\left(\sum_{k=1;k\neq i}^{n} A_{EK}(f_i) \right)^2 + E_{GR}(f_i) + E_{HS}(f_i) \right) \text{dB} \quad (37)$$

mit:

L_i	Pegel der i-ten tonalen Komponente
$A_{EK}(f_i)$	Amplitude der Flankenerregung einer k-ten tonalen Komponente an der Stelle fi
$E_{GR}(f_i)$	Erregungsintensität des Geräuschanteils an der Stelle fi
$E_{HS}(f_i)$	Grunderregung an der Stelle fi

Werte des Pegelüberschuss von über 20 dB tragen jedoch kaum noch zur Klanghaftigkeit bei. Daher wird der Pegelüberschuss in einer Gewichtungsfunktion w2 moduliert Gl. (38)[18].

$$w_2(\Delta L_i) = 1 - e^{-\frac{\Delta L_i}{15dB}} \quad (38)$$

Die Abhängigkeit der Klanghaftigkeit von der Mittenfrequenz der tonalen Komponenten berücksichtigt die Gewichtungsfunktion w3 (Gl. 39)[19].

$$w_3(f_i) \frac{1}{\sqrt{1 + 0{,}2 \cdot \left(\frac{f_i}{0{,}7\,kHz} + \frac{0{,}7\,kHz}{f_i} \right)^2}} \quad (39)$$

Da die Klanghaftigkeit auch von der relativen Lautheit abhängig ist, muss die Lautheit des Geräuschanteils ohne tonale Komponenten NGR auf die Lautheit des gesamten Schallereignisses N bezogen werden. Die Gewichtungsfunktion wGR zeigt Gl. 40.

$$w_{GR} = 1 - \frac{N_{GR}}{N} \quad (40)$$

Die Klanghaftigkeit berechnet sich aus diesen Komponenten nach Gl. 41, wobei der Faktor c den Referenzschall auf die festgelegte Klanghaftigkeit von 1 tu normiert.

$$K = c \cdot w_{GR}^{0{,}79} \cdot \left(\sqrt{\sum_{i=1}^{N} [w_1(\Delta z_i) \cdot w_2(\Delta L_i) \cdot w_3(f_i)]^2} \right)^{0{,}29} \quad (41)$$

für $\Delta Li > 0$

Die Klanghaftigkeit ist keine genormte Kenngröße.

5 Psychoakustische Kenngrößen komplexer Wahrnehmungskomponenten

Die akustische Wahrnehmung des Menschen lässt sich in elementare Wahrnehmungskomponenten (Empfindungen) zerlegen, die mit

[16] Als Pegelüberschuss wird der Abstand des Pegels einer tonalen Komponente zum Verdeckungspegel hervorgerufen durch den Restschall bezeichnet.

[17] Der Exponent (1/0,29) ist nur in Verbindung mit Gl. 41 erforderlich.

[18] Der im Vergleich mit Aures [2] fehlende Exponent von 0,29 ist für Gl. 41 entbehrlich.

[19] Der im Vergleich mit Aures [2] fehlende Exponent von 0,29 ist für Gl. 41 entbehrlich.

psychoakustischen Kenngrößen angenähert werden können. Wird ein ungeschulter Hörer jedoch gebeten eine Geräuschsituation zu beurteilen, so wird er in der Regel nicht diese elementaren Empfindungen, sondern komplexere Wahrnehmungsqualitäten wie z. B. angenehm oder unangenehm zur Beschreibung der Geräuschsituation heranziehen. Ob eine Geräuschsituation als angenehm oder unangenehm empfunden wird, hängt dabei nicht allein von der akustischen Beschaffenheit der Geräuschsituation ab. Die Wahrnehmung ist insbesondere abhängig von der Aktivität beziehungsweise Passivität des Hörers, aber auch von seiner körperlichen und psychischen Verfassung, von der Konzentrationsanforderung seiner Tätigkeit, von der Tageszeit, von positiven oder negativen Vorerfahrungen sowie von anderen Sinneseindrücken. Solche nichtakustischen Einflüsse können selbstverständlich nicht mit Hilfe von Geräuschattributen ermittelt werden. Daher wurden bei der Entwicklung von psychoakustischen Kenngrößen für komplexe Wahrnehmungskomponenten die „rein" akustische Wahrnehmung aufgrund des Schalls und die nichtakustischen Einflüsse voneinander getrennt. Die akustische Wahrnehmung aufgrund des Schalls soll nachfolgend durch das Adjektiv „sensorisch" hervorgehoben werden.

Eine solche „sensorische" Wahrnehmung von Schallereignissen kann aus den elementaren psychoakustischen Kenngrößen abgeleitet werden (vgl. z. B. [1, 12, 13, 42, 55, 58]). Eine qualitative Darstellung des Zusammenspiels der psychoakustischen Kenngrößen in Bezug auf die sensorische Lästigkeit enthält Abb. 16. In der Abbildung werden unter dem Begriff Geräuschmerkmal (sound character) Geräuschattribute wie die Schärfe, die Rauhigkeit, die Schwankungsstärke, die Klanghaftigkeit usw. zusammengefasst.

5.1 Lästigkeit, Belästigung (annoyance)

Zur Beschreibung der Wirkung von Schall auf den wachen Menschen ist die Lästigkeit von besonderer Bedeutung. Eine eindeutige, allgemeine Definition des Begriffes „Lästigkeit" und deren Abgrenzung von der „Belästigung" liegen jedoch bis heute nicht vor. Der Begriff „lästig" wird in der Deutschen Sprache mit Adjektiven wie ärgerlich, aufdringlich, belastend, beschwerlich, drückend, ermüdend, erschwerend, hemmend, hinderlich, langwierig, misslich, mühevoll, mühselig, störend, unangenehm, unbequem, unerfreulich, unerträglich, ungelegen, widerwärtig, zeitraubend sowie zudringlich umschrieben [60]. Diese Aufzählung unterstreicht, dass die Lästigkeit von Geräuschen eine sowohl zeit- und situationsbezogene als auch personengebundene Wahrnehmungsgröße darstellt. Im Unterschied zur „Lästigkeit" beschreibt der Begriff „Belästigung" das Erleben von lästigen Schallereignissen über einen längeren Zeitraum. Die Belästigung wird nach internationaler Übereinkunft (ICBEN, International Commission on Biological Effects of Noise) über das Geräuscherleben der letzten 12 Monaten erfragt (vgl. [31]). Das Belästigungsurteil ist daher nicht das Ergebnis der momentanen Schallbelastung sondern das Ergebnis einer psychobiologischen Informationsverarbeitung unter Berücksichtigung von Erwartung, Gewöhnung, Sensibilisierung sowie Hilflosigkeit einschließlich der Unbestimmtheit der Exposition (vgl. [39]).

Als Modelle der „sensorischen" Lästigkeit werden nachfolgend die unbeeinflusste

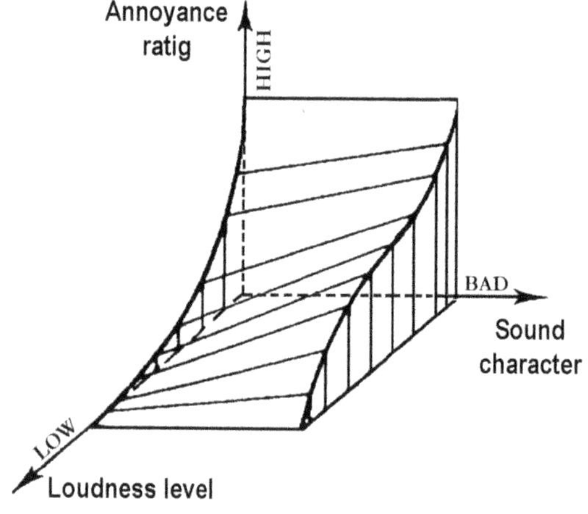

Abb. 16 „Sensorischer" Lästigkeits-Raum. (Nach [11] modifiziert)

Lästigkeit [63] und die psychoakustische Lästigkeit [58, 65] besprochen.

6 Unbeeinflusste Lästigkeit (unbiased annoyance)

Die „unbeeinflusste Lästigkeit" ist definiert als Reaktion einer Person, die im Laborversuch unter beschreibbaren akustischen Bedingungen ausschließlich der Lästigkeit von Schall ausgesetzt ist und keine Beziehung zur Schallquelle hat [64]. Aufgrund der ausgeprägten Abhängigkeit der Belästigung von der individuellen Aktivität bezog Zwicker die unbeeinflusste Lästigkeit auf zwei Aktivitäten aus dem Wohnalltag. In den Untersuchungen wurden die Versuchspersonen gebeten sich bei einem ersten Urteil das Lesen eines Buches im Wohnzimmer vorzustellen und sich bei einem zweiten Urteil vorzustellen, dass man einschlafen möchte. Die unter diesen Randbedingungen in Laborversuchen gewonnenen Daten zeigten, dass die Lautheit den dominanten Beitrag für die unbeeinflusste Lästigkeit liefert, wenn davon abgesehen wird, dass derselbe Schall für den Tag (Buch lesen) nur etwa halb so lästig beurteilt wurde wie für die Nacht (Einschlafsituation).

Einem Ton mit der Frequenz von 1 kHz und einem Schalldruckpegel von 40 dB wurde von Zwicker eine „unbeeinflusste Lästigkeit" (UBA) von 1 au (annoyance unit) zugewiesen (vgl. Abb. 17).

Die Kenngröße „unbeeinflusste Lästigkeit" wurde mehrfach kritisiert (vgl. z. B. [33, 40]), da insbesondere in der häuslichen Umgebung die „sensorische" Lästigkeit keine geeignete Kenngröße darstellt, um die Belästigung der Bewohner durch Umweltlärm abzuschätzen.

6.1 Berechnung der unbeeinflussten Lästigkeit

Die unbeeinflusste Lästigkeit kann durch die Lautheit angenähert werden, wenn der Tag/Nacht-Unterschied, die Schärfe des Schalls und die Schwankungsstärke berücksichtigt

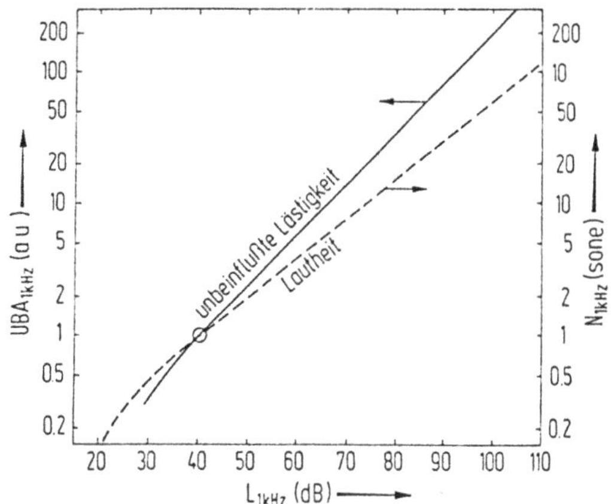

Abb. 17 Lautheitsfunktion (gestrichelte Linie) und Funktion der unbeeinflussten Lästigkeit (durchgezogene Linie) für 1 kHz-Töne in Abhängigkeit vom Schalldruckpegel. Durch den Kreis ist der Referenzschall vom 1 au markiert. (Quelle: [64])

werden. Die Rauhigkeit des Schalls spielt bei der unbeeinflussten Lästigkeit eine untergeordnete Rolle. Allerdings darf die Lautheit nicht aus der mittleren Schallintensität errechnet werden, sondern es muss das 10 %-Perzentil der Lautheit (N10) herangezogen werden (vgl. Absatz Globale Lautheit). Die Berechnungsvorschrift für die unbeeinflusste Lästigkeit zeigt Gl. 42.

$$UBA = d \cdot \left(\frac{N_{10}}{sone}\right)^{1,3} \cdot (1 + s + f) \quad \text{au} \qquad (42)$$

Mit:

d	$1 + \left(\frac{N_{10}}{5\,sone}\right)^{0,5}$	Lautheitsabhängiger Tag/Nacht-Unterschied
s	$1 + 0,25\left(\frac{S}{acum} - 1\right) \cdot \lg\left(\frac{N_{10}}{sone} + 10\right)$	Lautheitsabhängiger Schärfebeitrag
f	$0,3 \cdot \left(\frac{F}{vacil} \cdot \frac{1+N_{10}/sone}{0,3+N_{10}/sone}\right)$	Lautheitsabhängiger Beitrag der Schwankungsstärke

In Räumen ist zu beachten, dass sich die Lautheit stark verändern kann, wenn der Hörer seine

Position im Raum ändert. Auch wird oft das Resonanz-Maximum stehender Wellen wahrgenommen, was zu einer größeren Perzentillautheit führt, als aufgrund der räumlich gemittelten Schallintensität zu erwarten wäre.

6.2 Psychoakustische Lästigkeit (psychoacoustic annoyance)

Die psychoakustische Lästigkeit wurde ebenfalls in systematischen Hörversuchen ermittelt. Mithilfe der psychoakustischen Lästigkeit ist es möglich die „sensorische" Lästigkeit technischer Geräusche wie Kraftfahrzeuggeräusche, Geräusche von Klimaanlagen oder Werkzeugmaschinen (Kreissägen, Bohrmaschinen usw.) abzuschätzen.

Die errechneten Werte stimmen gut mit Lästigkeitsurteilen überein, die in entsprechenden Versuchen gewonnen wurden (Abb. 18).

6.3 Berechnung der psychoakustischen Lästigkeit

Die psychoakustische Lästigkeit (PA) setzt sich aus der Lautheit, der Schärfe sowie der Schwankungsstärke und der Rauhigkeit eines breitbandigen Geräusches zusammen. Die Lautheit wird jedoch nicht aus der mittleren Schallintensität errechnet, sondern die psychoakustische Lästigkeit wird mit Hilfe des 5 %- sowie des 10 %-Perzentils der Lautheit (N5, N10) bestimmt. Die Berechnungsvorschrift enthält Gl. 43 [65].

$$PA = N_5 \cdot \left(1 + \sqrt{w_S^2 + w_{FR}^2}\right) \quad (43)$$

mit:

w_S	$\left(\frac{S}{acum} - 1,75\right) \cdot 0,25 \cdot \lg\left(\frac{N_{10}}{sone} + 10\right)$	Lautheitsabhängiger Schärfebeitrag für S > 1,75 acum
w_{FR}	$\frac{2,18}{\left(N_5/sone\right)^{0,4}} \cdot \left(0,4\frac{F}{vacil} + 0,6\frac{R}{asper}\right)$	Lautheitsabhängiger Beitrag der Schwankungsstärke und Rauhigkeit

6.4 Wohlklang (sensory pleasantness)

Der sensorische Wohlklang ist nach Terhardt [54] gleichbedeutend mit der graduellen Abwesenheit von Störungen des (musikalischen) Zusammenklanges. In seiner Definition des Begriffes Wohlklang steckt die Auffassung, dass jeder hörbare Schall grundsätzlich eine Art Störung darstellen kann, die umso größer ist, je lauter der Schall ist und je stärker solche Schallparameter sind, welche als

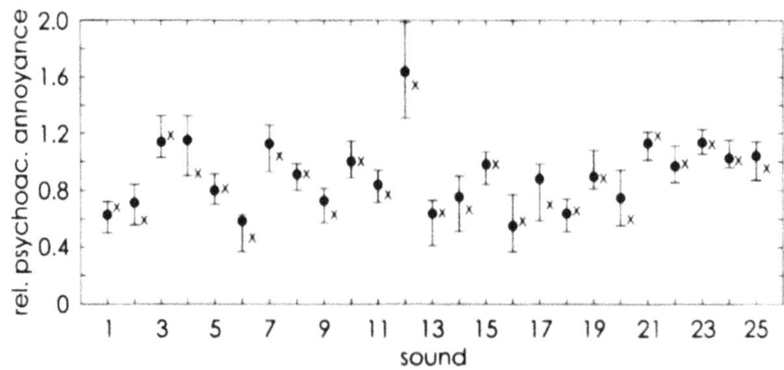

Abb. 18 Psychoakustische Lästigkeit von Kraftfahrzeuggeräuschen. Die Kreuze markieren die errechneten Werte für 25 Benzin- bzw. Dieselfahrzeuge bei unterschiedlichen Geschwindigkeiten (0–110 km/h). Die Lästigkeitsangaben der Versuchpersonen sind zum Vergleich mit ihrem Zentralwert und der Streuung verzeichnet. [65, S. 325]

„missklingend“ empfunden werden. Als psychoakustische Kenngrößen, die den sensorischen Wohlklang im Wesentlichen erklären, haben sich Lautheit, Rauhigkeit, Schärfe und Klanghaftigkeit erwiesen (vgl. [4, 36, 55]). Wird der Einfluss der einzelnen Wahrnehmungskomponenten betrachtet, so ist festzuhalten, dass wachsende Schärfe und Rauhigkeit den sensorischen Wohlklang eines Schalls vermindern. Die Klanghaftigkeit erhöht dagegen den sensorischen Wohlklang. Ein wesentlicher Einfluss der Lautheit auf den sensorischen Wohlklang ist erst ab mittleren Lautheiten zu verzeichnen. Mit wachsender Lautheit wird der sensorische Wohlklang eines Schalls geringer. Die Korrelation zwischen dem berechneten und dem psychoakustisch ermittelten Wohlklang liegen nach Aures bei über 90 % [2].

6.5 Berechnung des sensorischen Wohlklangs

Die Ergebnisse der systematischen Untersuchungen zum sensorischen Wohlklang P wurden von Aures [2] in der Gl. 44 zusammengefasst.

$$P = e^{-0{,}55 \cdot R} \cdot e^{-0{,}113 \cdot S} \cdot (1{,}24 - e^{-2{,}2 \cdot K}) \cdot e^{-(0{,}023 \cdot N)^2} \quad (44)$$

mit:

R	Rauhigkeit in asper
S	Schärfe in acum
K	Klanghaftigkeit
N	Lautheit in sone

7 Binaurales Hören

Die Gesetzmäßigkeiten des binauralen Hörens sind Grundlage der Kunstkopfmesstechnik. Aufgrund der beiden Ohren ist das menschliche Gehör in der Lage einem Hörereignis einen „Entstehungsort“ (Hörereignisort) zuzuordnen (Lokalisation). Die seitliche Auslenkung des Hörereignisses beruht dabei im Wesentlichen auf Intensitäts- sowie Zeitdifferenzen zwischen den beiden Ohren. Wenn zwei Schallereignisse in zeitlich sehr kurzem Abstand das Gehör erreichen (z. B. infolge von Reflexionen), dann wird der Hörereignisort durch den Schall bestimmt, der als erster das Ohr erreicht. Cremer bezeichnete diesen Effekt als „Gesetz der ersten Wellenfront“ [15]. Ohne diese Eigenschaft des Gehörs wäre die akustische Orientierung in Räumen kaum möglich. Darüber hinaus wertet das Gehör interaurale Laufzeitdifferenzen zur Trennung mehrerer Hörereignisse aus.

Modelle für das binaurale Hören gehen mehrheitlich davon aus, dass im Gehör zur Auswertung interauraler Laufzeitdifferenzen und zur Schallquellenidentifizierung eine Art „gleitende Kreuzkorrelation“ der Ohrsignale durchgeführt wird, und dass Hörereignismerkmale wie seitliche Auslenkung, Ausdehnung oder richtungsgemäße Trennung mehrerer Hörereignisanteile aufgrund dieser gleitenden interauralen Kreuzkorrelationsfunktionen gebildet werden (vgl. [7, 8, 10, 14]).

7.1 Lateralisation (lateralization)

Interaurale Intensitätsdifferenzen sowie interaurale Zeitdifferenzen bewirken eine „räumliche“ Wahrnehmung im Kopf entlang der interauralen Achse. Dieser Effekt wird als Lateralisation bezeichnet. Mithilfe der Lateralisation können Aussagen über gerade noch hörbare Unterschiede (just notable differences), sowie das Zusammenwirken der interauralen Intensitäts- und Zeitdifferenzen (time-intensity-trading) gewonnen werden.

7.1.1 Interaurale Zeit- und Intensitätseffekte

Die frequenzabhängigen Kurven der interauralen Zeitdifferenzen (ITDs) und interauralen Intensitätsdifferenzen (IIDs) sind schon seit über 100 Jahren bekannt und beruhen auf der räumlichen Trennung der beiden Ohren durch den Kopf. Interaurale Zeitdifferenzen entstehen durch Laufzeitunterschiede des Schalls zwischen

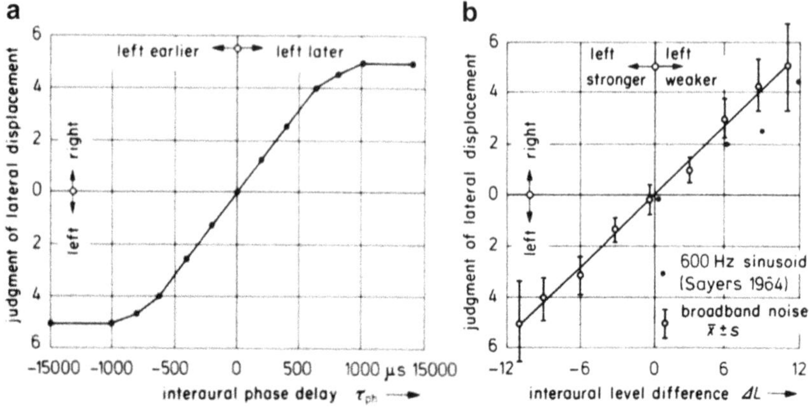

Abb. 19 Seitliche Auslenkung des Hörereignisses, **a** als Funktion der interauralen Zeitdifferenz und **b** als Funktion der interauralen Intensitätsdifferenz. Teil a wurde für Impulse sowie Signale mit Impulscharakter (30–80 phon) ermittelt; Teil b für Breitbandgeräusche sowie einen 600 Hz Ton. [8, S. 144 bzw. S. 158]

ipsi- und kontralateralem[20] Ohr. Bei Wellenlängen, die viel größer als der Kopfdurchmesser sind, wird der Schall am Kopf gebeugt und die Phasenlage detektiert. Daher werden Interaurale Zeitdifferenzen insbesondere bei Frequenzen bis zu etwa 1,5 kHz wirksam. Oberhalb dieser Frequenz ist die Phasenlage nicht mehr eindeutig, jedoch kann das auditive System bei höheren Frequenzen auch Interaurale Zeitdifferenzen der Einhüllenden wahrnehmen. Interaurale Intensitätsdifferenzen bedeuten unterschiedliche Schalldruckpegel an den Ohren durch Abschattung des Schalls am kontralateralen Ohr um bis zu 30 dB. Voraussetzung für die Abschattung ist, dass die Wellenlängen viel kleiner als der Kopfdurchmesser sind. Daher werden interaurale Intensitätsdifferenzen erst bei Frequenzen oberhalb von etwa 1,5 kHz wirksam (Abb. 19).

Das „Gesetz der ersten Wellenfront", auch als Präzedenzeffekt bekannt, ermöglicht eine Lateralisation auch bei „reflexionsbehafteten" Signalen. Wird das gleiche Signal über Kopfhörer an beide Ohren, aber mit verschiedenen interauralen Zeitdifferenzen eingespielt, so ergeben sich drei Stadien der Wahrnehmung. Bei interauralen Zeitdifferenzen von 0 bis 0,6 ms wandert der Hörereignisort im Kopf vom Zentrum zu dem Ohr, an dem der Schall zuerst eintrifft (zeitliche Lateralisation). Zwischen etwa 0,6 und etwa 35 ms wird der Hörereignisort nur an der Seite des zuerst ankommenden Schalls geortet (Gesetz der ersten Wellenfront). Bei einer größeren interauralen Zeitdifferenz werden die beiden Schallereignisse getrennt wahrgenommen (Echoschwelle).

7.2 Lokalisation (localization)

Im natürlichen Schallfeld findet keine Lateralisation statt, sondern aufgrund der unvermeidlichen Klangverfärbung zwischen den Ohrsignalen kann dem Hörereignis ein räumlicher „Entstehungsort" (Hörereignisort) zugeordnet werden. Der Hörereignisort kann durch eine Richtung und eine Entfernung vom Hörer (Distanz) beschrieben werden.

7.2.1 Bewegungen von Kopf und Quelle

Wird der Kopf des Menschen durch eine Kugel ohne Außenohren angenähert, so kann bei gegebener interauraler Intensitäts- und Zeitdifferenz der Ort der Schallquelle nicht eindeutig bestimmt werden. Ein Schallereignis an einem Ort direkt vor dem Hörer (vorne) erzeugt dieselbe interaurale Zeit- und Pegeldifferenz wie ein Schallereignis an einem Ort direkt hinter

[20]Als ipsilaterales Ohr bezeichnet man das dem Schallereignis zugewandte Ohr, zu dem der Schall den kürzeren Weg hat. Das kontralaterale Ohr ist das vom Schallereignis abgewandte Ohr.

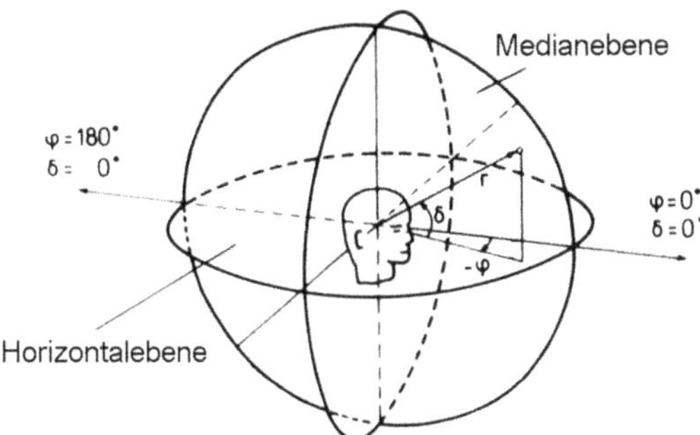

Abb. 20 Kopf bezogenes Koordinatensystem. r ist die Hörereignisortentfernung (Distanz), φ ist der Azimutwinkel und δ ist der Elevationswinkel. (Nach [8, S. 14] modifiziert)

dem Hörer (hinten). Ebenso verhält es sich mit Schallquellen an den Orten oben und unten bzw. für Schallquellen in der gesamten Medianebene (zur Medianebene vgl. Abb. 20).

Natürlich ist dieser Ansatz grob vereinfachend, da der Kopf des Menschen nicht kugelförmig ist und die Außenohren (aber auch der Oberkörper) eine Filterwirkung haben. Dessen ungeachtet erklärt dieser einfache Ansatz warum eine rein statische Lokalisation weitaus schwieriger ist, als eine dynamische Lokalisation. Bei einer Unsicherheit in der Lokalisation ist die spontane Reaktion des Menschen ein leichtes Drehen des Kopfes, um mithilfe der Änderungen der interauralen Intensitäts- und Zeitdifferenzen sowie der Filterwirkung der Ohrmuscheln eindeutige Rückschlüsse auf die Position der Schallquelle ziehen zu können. Daher sollten für eine natürliche Nachbildung des räumlichen Hörens Kopfbewegungen miteinbezogen werden (vgl. [30]).

7.2.2 Spektrale Einflüsse des Außenohres

Auf dem Weg zum Trommelfell findet eine spektrale Filterung des Schalls statt, die wesentlich durch das Außenohr bestimmt wird. Die spektrale Filterung wird als Außenohrübertragungsfunktion (head-related transfer function, HRTF) bezeichnet. Sie entspricht im Zeitbereich der Außenohrimpulsantwort (head-related impulse response, HRIR). Die Außenohrübertragungsfunktionen tragen zur Vermeidung von Mehrdeutigkeiten in der Lokalisation bei. Die HRTF beschreibt den Druck am Trommelfell im Verhältnis zum Schalldruck im Freifeld und variiert mit Frequenz, Azimut, Elevation und Distanz der Schallquelle (vgl. Abb. 21; zu Azimut, Elevation und Distanz siehe nachfolgenden Absatz).

Die binaurale HRTF lässt sich als frequenzabhängige Amplituden- und Zeitverzögerungsdifferenz deuten, die vor allem durch die komplexe Form der Ohrmuschel entstehen (vgl. z. B. [30]). Auch sind beim Menschen linkes und rechtes Ohr nicht exakt gleich, was zu kleinen Unterschieden zwischen linker und rechter HRTF führt. Insgesamt führen die asymmetrischen, komplex geformten Ohrmuscheln zu kleinen individuellen Zeitverzögerungen sowie Resonanz- und Beugungserscheinungen, die zu einer eindeutigen aber individuellen HRTF für jede Schallquellenposition führen (vgl. Abb. 21). Die HRTFs weisen demzufolge große interindividuelle Unterschiede auf. Dies stellt ein Problem dar, wenn HRTF's in einem technischen System für unbekannte Benutzer nachgebildet werden sollen.

7.2.3 Azimut, Elevation und Distanz

Der Hörereignisort wird i. d. R. durch zwei Winkel und eine Entfernungsangabe in einem kopfbezogenen Koordinatensystem beschrieben. Der Azimut ist der Winkel in der Horizontalebene. Er ist von 0° (direkt vor dem Hörer) in Richtung über das linke Ohr, den Hinterkopf und weiter über das rechte Ohr positiv definiert. Die Elevation ist der Winkel in der Medianebene zwischen der Horizontalebene und dem Distanzvektor. Die Werte gehen von 0° bis 90° (nach oben) bzw. von 0° bis –90° (nach unten). Die Entfernung (Distanz) des Hörereignisortes ist der Skalar des Distanzvektors.

Die Lokalisation und die Lokalisationsunschärfe sind in der Horizontalebene vom Azimutwinkel abhängig. Einen Überblick gibt Abb. 22.

Ebenso wie in der Horizontalebene vom Azimutwinkel ist die Lokalisation in der Medianebene von Elevationswinkel abhängig. Die

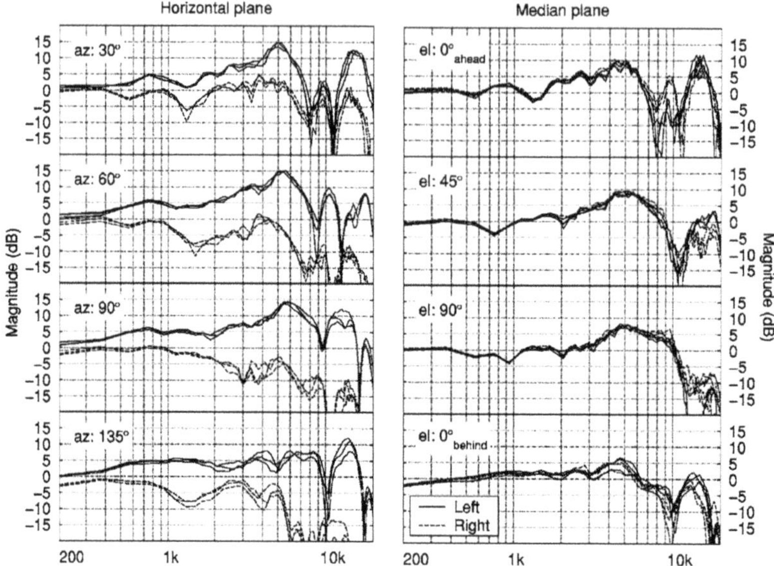

Abb. 21 HTRF's für das linke (left) und rechte Ohr (right) eines einzelnen Hörers bei einer Beschallung aus acht verschiedenen Richtungen. Die linke Seite zeigt Messungen in der Horizontalebene (Azimut 30°, 60°, 90° und 135°), die rechte Seite zeigt Messungen in der Medianebene (Elevation 0°, 45°, 90° und 180°). Die Distanz der Schallquellen betrug etwa 2 m. (Nach [47], modifiziert)

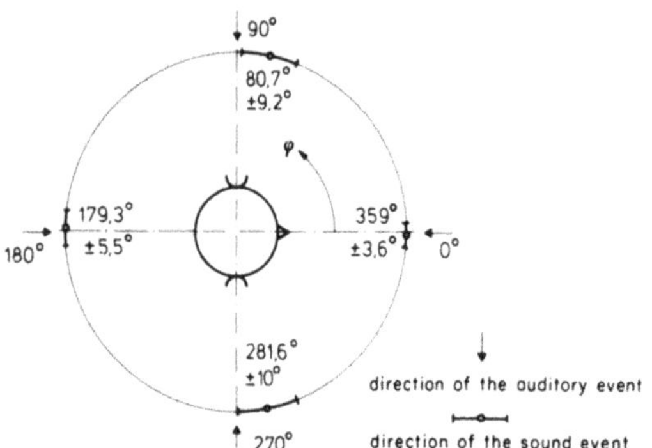

Abb. 22 Lokalisation und Lokalisationsunschärfe in der Horizontalebene. 600–900 Personen, Geräuschpulse (weißes Rauschen) von 100 ms Länge, etwa 70 phon, Kopf fixiert. (Nach [8, S. 41])

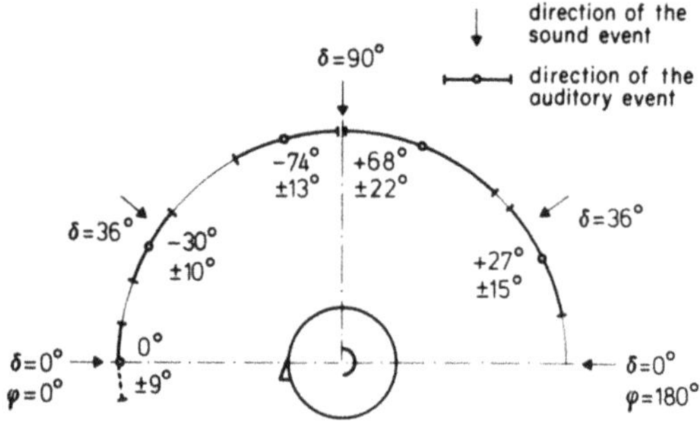

Abb. 23 Lokalisation und Lokalisationsunschärfe in der Medianebene für Sprache bekannter Personen. 7 Personen etwa 65 phon, Kopf fixiert. (Nach [8, S. 44)

Lokalisationsunschärfe ist in der Medianebene größer als in der Horizontalebene (vgl. Abb. 23)

Der wichtigste Parameter zur Bestimmung der Hörereignisentfernung (Distanz) ist die Lautheit. Der Zusammenhang zwischen Lautheit und Distanz entsteht durch die alltägliche Erfahrung in Verbindung mit dem Sehen. Daher kann die Distanz einer bekannten Schallquelle in bekannter Umgebung besser geschätzt werden, als unbekannte Quellen in bekannten bzw. unbekannten Umgebungen (vgl. Abb. 24).

Bei komplexen Signalen kommen noch weitere Effekte zum Tragen. Es wird der Energieanteil innerhalb der Frequenzgruppen ausgewertet, bei mehreren Quellen werden die Intensitäten zueinander in Verhältnis gesetzt. Darüber hinaus werden Entfernungen bei gleicher Schallintensität in halligen Räumen viel kleiner geschätzt als im Freifeld. In halliger Umgebung stellt das Verhältnis von reflektiertem zu direktem Schall (R/D ratio) einen besseren Parameter zur Distanzbestimmung dar, als die Lautheit [30].

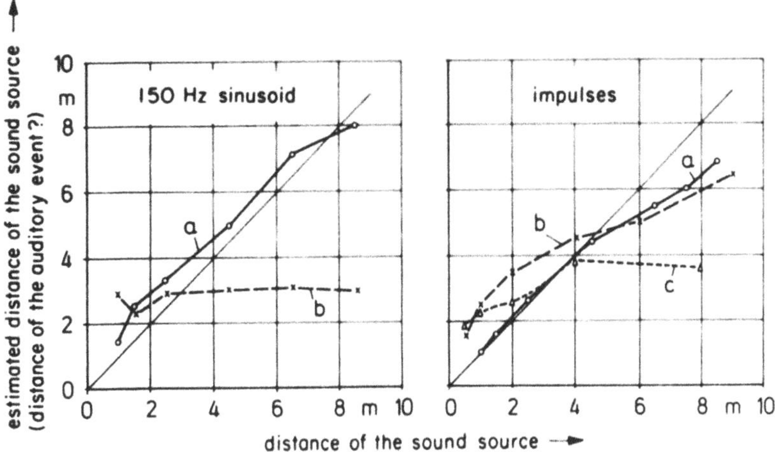

Abb. 24 Die geschätzte mittlere Entfernung des Schallereignisses als Funktion der Schallquellenentfernung für Töne und Impulse bei unterschiedlicher Darbietung (abgedunkelter reflexionsarmer Raum, fixierter Kopf). **a** Lautsprecher Spannung konstant, bekanntes Signal; **b** Schallpegel konstant am Ohr des Hörers, bekanntes Signal; **c** Schallpegel konstant am Ohr des Hörers, unbekanntes Signal. (Nach [8, S. 124] modifiziert)

7.3 Interaurale Korrelation (interaural correlation)

Das binaurale Hörsystem reagiert sehr empfindlich auf Änderungen der interauralen Korrelation. Prominentester Effekt ist die BMLD („binaural masking level difference"). Ein Testton mit einer interauralen Phase von 180° kann in einem diotischen[21] Rauschen um ca. 15 dB besser wahrgenommen werden als ein Testton ohne interaurale Phasenverschiebung. Die BMLD ist darüber hinaus bei gleicher interauraler Phasenverschiebung stark von der Frequenz abhängig (vgl. Abb. 25).

Ein Beispiel für den Einsatz des binauralen Maskierungseffekts ist der sogenannte Cocktail-Party Effekt. Der Mensch ist in der Lage einem Gespräch in einer Menge von Gesprächen zu folgen, auch ohne sich dem Gegenüber zuzuwenden.

Verschließt ein Hörer in einem halligen Raum ein Ohr, so wird der Raum mit einem Ohr halliger wahrgenommen, als beim binauralen Hören. Durch das binaurale Hören wird der Halligkeitseindruck vermindert. Dieser Effekt wird als „binaurale Nachhallunterdrückung" bezeichnet.

Theile [51] erklärt diese Effekte mit der Hypothese, dass das auditive System zunächst den Hörereignisort bestimmt und nach Festlegung des Hörereignisortes und in Kenntnis der für diesen Ort spezifischen HRTFs eine Entzerrung vornimmt. Diese sog. „Assoziationshypothese" erklärt auch eine Reihe von weiteren, verwandten Klangeffekten [9].

7.4 Binaurale Lautheit (binaural loudness)

Wird ein Schallsignal, bei unverändertem Schallpegel nur einem Ohr angeboten (monaurale Darbietung) so vermindert sich die Lautheit gegenüber einer binauralen Darbietung. Bei einer Kopfhörerwidergabe sinkt die Lautheit des Schallsignals bei einer monauralen Darbietung mit gleichem Pegel um 50 bis 70 %. Das bedeutet, dass bei einer Kopfhörerdarbietung die Gesamtlautheit in etwa der Summe der von jedem Ohr allein gebildeten Lautheit entspricht. Diese Aussage bleibt sogar dann gültig, wenn beiden Ohren verschiedene Schallsignale angeboten werden [54].

[21]Diotisch: das gleiche Signal auf beiden Ohren.

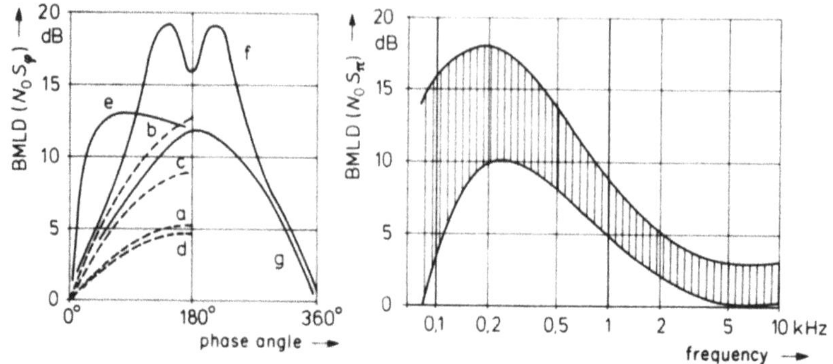

Abb. 25 BMLD als Funktion des interauralen Phasenwinkels sowie als Funktion der Frequenz für den Phasenwinkel 180°. **a** bis **d** gepulster Sinus mit 125 Hz, 315 Hz, 800 Hz und 1250 Hz. **e** bis **g** Impulsfolgen mit 100 Hz, 250 Hz und 1 kHz. Der schraffierte Bereich zeigt die BMLD für einen Sinuston in breitbandigem Rauschen. (Nach [8, S. 259/260])

Demzufolge ist davon auszugehen, dass sich auch im natürlichen Schallfeld die Lautheit eines Schallsignals bei binauraler Darbietung in Abhängigkeit vom Schallereignisort ändert, da durch die Abschattung des Schalls am kontralateralen Ohr Pegelunterschiede bis zu 30 dB auftreten können. Eine Messung der binauralen Lautheit in Abhängigkeit vom Azimutwinkel im Freifeld zeigt Abb. 26 für terzbreites Rauschen bei verschiedenen Mittenfrequenzen.

Die Messungen zeigen, dass im Freifeld eine nicht unerhebliche Abhängigkeit der binauralen Lautheit vom Azimutwinkel der Schallquelle zu verzeichnen ist, insbesondere für höhere Frequenzen (vgl. Abb. 26). Dabei folgt die binaurale Lautheit grundsätzlich dem höheren der beiden Ohrschallpegel. Nach Sivonen und Ellermeier [47] kann die binaurale Lautheit im natürlichen Schallfeld jedoch am besten durch eine „3 dB-Summation" der Schallpegel an den beiden Ohren angenähert werden (vgl. Gl. 45), wobei Lmon den äquivalenten Schalldruckpegel darstellt, der bei einer monauralen Darbietung die gleiche Lautheit erzeugt, wie bei einer binauralen Darbietung die beiden Schallpegel am linken und rechten Ohr zusammen.

$$L_{mon} = 6 \cdot \log_2(2^{L_{left}/6} + 2^{L_{right}/6}) \quad (45)$$

In der DIN 45631/A1 [22] wird für binaurale Kunstkopfmessungen gefordert, dass die

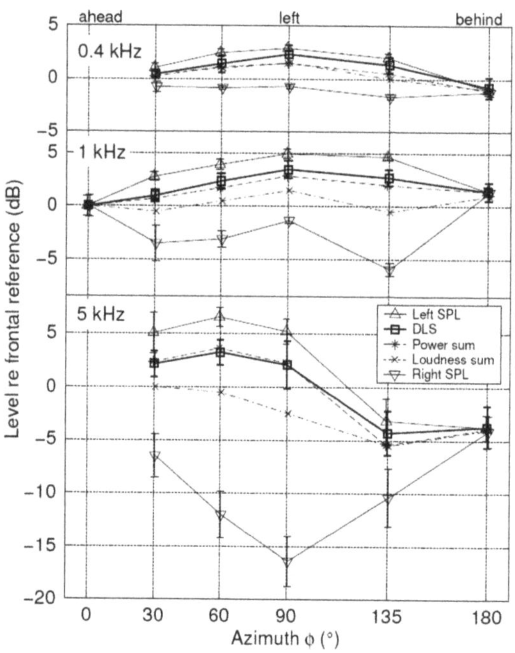

Abb. 26 Mittlere Richtungsabhängigkeit der binauralen Lautheit jeweils dargestellt mit den korrespondierenden Änderungen der mittleren Schalldruckpegel am linken sowie rechten Ohr (left SPL; right SPL), einer „3 dB-Summation" (power sum) und einer Lautheitsaddition (loudness sum), bezogen auf die frontale Beschallung (65 dB SPL). Die Differenzen sind invertiert verzeichnet, um die „directionel loudness sensitivities" (DLS) darzustellen. Die senkrechten Balken kennzeichnen die 95 % Vertrauensintervalle [24]

Lautheit sowohl des rechten als auch des linken Kanals getrennt ausgegeben werden. Als repräsentativer Einzahlwert wird das Maximum beider Kanäle festgelegt. Dabei ist eine passende Entzerrung vorzunehmen. Eine Freifeldentzerrung sollte nur dann angewendet werden, falls sich eine Schallquelle genau vor dem Kunstkopf (Elevations- und Azimuthwinkel 0 Grad, Abstand größer als 1,5 m) im Freifeld befindet. Für Messungen in reflektierenden Umgebungen soll eine Diffusfeldentzerrung gewählt werden und für Messungen in Fahrzeugen eine ID-Entzerrung (ID: Independent of Direction). Bei der ID-Entzerrung werden nur die richtungsunabhängigen Anteile (Resonanzen) der Außenohrübertragungsfunktion ausgeglichen (vgl. z. B. [32]).

8 Anhang: MATLAB-Funktion zur Lautheitsberechnung nach DIN 45631:1991

```
function [N,LN]=Lautheit(LT);
% Lautheit nach DIN 45631:1991-03. Berechnet aus 28 Terzpegeln von 25 Hz bis
% 12500 Hz die spezifische Lautheit, die Gesamtlautheit und den Lautstärkepegel
% LT: gemessene Terzpegel
% Umsetzung des BASIC-Programms aus der DIN 45631:1991
% André Jakob, 2013

% Beispiele aus DIN 45631 für Testzwecke:
% Spektrum aus Tabelle 2 zzgl. Nullen für 25 und 31.5 Hz,
% für Bilder 1 und A.1 aus DIN 45631:
% LT = [ 0 0 78 79 89 72 80 89 75 87 85 79 86 80 71 ...
%        70 72 71 72 74 69 65 67 77 68 58 45 30 ];
% LT = [ zeros(1,13) 10 30 50 70 50 30 10 zeros(1,8) ]; % 1kHz-Ton für Bild A.2
% LT = [ 78*ones(1,28) ]; % 90dB(A) rosa Rauschen für Bild A.3

M = 'F';    % 'D' für Diffusfeld , 'F' für Freifeld

% Terzmittenfrequenzen (28 Werte):
Fterz = [ 25 31.5 40 50 63 80 100 125 160 200 250 315 400 500 630 800 1000 ...
          1250 1600 2000 2500 3150 4000 5000 6300 8000 10000 12500 ];

% Terzpegelbereiche für Korrektur bei niedrigen Frequenzen entsprechend den
% Kurven gleicher Lautstärke (RAP):
RAP = [ 45 55 65 71 80 90 100 120 ];     % Tabelle 1, Spalte 2 aus DIN 45631
% Terzpegelabsenkung bei niedrigen Frequenzen gemäß den Kurven gleicher
% Lautstärke in den acht durch RAP definierten Bereichen (DLL), Tabelle 1:
DLL = -[  32 24 16 10 5 0 7 3 0 2 0; 29 22 15 10 4 0 7 2 0 2 0; ...
          27 19 14  9 4 0 6 2 0 2 0; 25 17 12  9 3 0 5 2 0 2 0; ...
          23 16 11  7 3 0 4 1 0 1 0; 20 14 10  6 3 0 4 1 0 1 0; ...
          18 12  9  6 2 0 3 1 0 1 0; 15 10  8  4 2 0 3 1 0 1 0; ];
```

```
% Frequenzgruppenpegel an der Ruhehörschwelle ohne Berücksichtigung der
% Übertragungscharakteristik des Ohres (LTQ) (20 Werte):
LTQ = [ 30 18 12 8 7 6 5 4 3*ones(1,12) ];

% Pegelkorrektur gemäß Übertragungscharakteristik des Ohres (A0) (20 Werte):
A0 = [ zeros(1,10) -0.5 -1.6 -3.2 -5.4 -5.6 -4 -1.5 2 5 12 ]; % [dB]

% Pegeldifferenz zwischen freiem und diffusem Schallfeld (DDF) (20 Werte):
DDF = [0 0 0.5 0.9 1.2 1.6 2.3 2.8 3 2 0 -1.4 -2 -1.9 -1 0.5 3 4 4.3 4 ];

% Anpassung Terzpegel an Frequenzgruppenpegel wg. untersch. Bandbreite (DCB)
% (20 Werte):
DCB = [ -0.25 -0.6 -0.8 -0.8 -0.5 0 0.5 1.1 1.5 1.7 ...
        1.8 1.8 1.7 1.6 1.4 1.2 0.8 0.5 0 -0.5 ];

% Obere Grenzen der angenäherten Frequenzgruppen im Tonheitsmaß (ZUP)
% (21 Werte):
ZUP = [ 0.9 1.8 2.8 3.5 4.4 5.4 6.6 7.9 9.2 10.6 12.3 13.8 15.2 ...
        16.7 18.1 19.3 20.6 21.8 22.7 23.6 24 ];

% Wertebereich der spezifischen Lautheit, der die Flankensteilheit der oberen
% Flanken im spezifischen Lautheits-Tonheits-Muster festlegt (RNS) (18 Werte):
RNS = [ 21.5 18.0 15.1 11.5 9.0 6.1 4.4 3.1 2.13 1.36 0.82 0.42 ...
        0.30 0.22 0.15 0.10 0.035 0.0 ];

% Flankensteilheiten der oberen Flanken im spezifischen Lautheits-Tonheits-
% Muster für die Wertebereiche RNS als Funktion der Nummer der Frequenzgruppe
% (USL) (18x8 Werte):
USL = [ ...
    13.00 8.20 6.30 5.50 5.50 5.50 5.50 5.50; ...
    9.00 7.50 6.00 5.10 4.50 4.50 4.50 4.50; ...
    7.80 6.70 5.60 4.90 4.40 3.90 3.90 3.90; ...
    6.20 5.40 4.60 4.00 3.50 3.20 3.20 3.20; ...
    4.50 3.80 3.60 3.20 2.90 2.70 2.70 2.70; ...
    3.70 3.00 2.80 2.35 2.20 2.20 2.20 2.20; ...
    2.90 2.30 2.10 1.90 1.80 1.70 1.70 1.70; ...
    2.40 1.70 1.50 1.35 1.30 1.30 1.30 1.30; ...
    1.95 1.45 1.30 1.15 1.10 1.10 1.10 1.10; ...
    1.50 1.20 0.94 0.86 0.82 0.82 0.82 0.82; ...
    0.72 0.67 0.64 0.63 0.62 0.62 0.62 0.62; ...
    0.59 0.53 0.51 0.50 0.42 0.42 0.42 0.42; ...
    0.40 0.33 0.26 0.24 0.22 0.22 0.22 0.22; ...
    0.27 0.21 0.20 0.18 0.17 0.17 0.17 0.17; ...
    0.16 0.15 0.14 0.12 0.11 0.11 0.11 0.11; ...
    0.12 0.11 0.10 0.08 0.08 0.08 0.08 0.08; ...
    0.09 0.08 0.07 0.06 0.06 0.06 0.06 0.05; ...
    0.06 0.05 0.03 0.02 0.02 0.02 0.02 0.02; ]';
```

```
% Korrektur der Terzpegel gemäß den Kurven gleicher Lautstärke (XP) und
% Berechnung der Intensitäten für die Terzbänder bis 320 Hz:
for I=1:11  % ab Zeile 4500 im BASIC-Programm der DIN 45631
    hilf = find((LT(I)+DLL(:,I))<=RAP');
    if isempty(hilf)
        J = 8;
    else
        J = hilf(1); % erster Index aus "find" ist gesuchter Index für Bewertung
    end
    XP = LT(I) + DLL(J,I); % vertauschte Indices in BASIC verglichen mit MATLAB
    TI(I) = 10^(0.1*XP);
end

% Bestimmung der Pegel LCB(1), LCB(2) und LCB(3) in den drei ersten
% Frequenzgruppen:
GI(1) = sum(TI(1:6)); GI(2) = sum(TI(7:9)); GI(3) = sum(TI(10:11));
for I=1:3
    if GI(I) > 0; LCB(I) = 10 * log10(GI(I)); end
end

% Berechnung der Kernlautheit NM(I):
for I=1:20
    LE(I) = LT(I + 8);
    if I <= 3; LE(I) = LCB(I); end;
    LE(I) = LE(I) - A0(I); NM(I) = 0;
    if M=='D'; LE(I) = LE(I) + DDF(I); end;
    if LE(I) > LTQ(I)   % nur, wenn LE über Ruhehörschwelle
        LE(I) = LE(I) - DCB(I);
        S = 0.25;   % Schwellenfaktor
        MP1 = 0.0635 * 10^(0.025 * LTQ(I));
        MP2 = (1 - S + S * 10^(0.1 * (LE(I) - LTQ(I))))^0.25 - 1;
        NM(I) = MP1 * MP2;
        if NM(I) <= 0; NM(I) = 0; end;
    end
end
NM(21) = 0;

% Korrektur der spezifischen Lautheit in der untersten Frequenzgruppe zur
% Berücksichtigung des Ruhehörschwellenverlaufs innerhalb dieser
% Frequenzgruppe:
KORRY = 0.4 + 0.32 * NM(1)^0.2;
if KORRY > 1; KORRY = 1; end
NM(1) = NM(1) * KORRY;
```

```
% Berücksichtigung der Verdeckung (ab Zeile 5070 im BASIC-Programm der DIN
% 45631)
N = 0; Z1 = 0; N1 = 0; IZ = 1; Z = 0.1;    % Voreinstellung:
for I = 1:21   % Schritt zur ersten und den weiteren Frequenzgruppen:
    IG = I - 1;
    if IG > 8; IG = 8; end;
    while Z1 < ZUP(I)    % while-Schleife entspricht if Abfrage in
                         % BASIC-Programm Zeile 5940
        if N1 > NM(I)    % Flankenlautheit
           N2 = RNS(J);
           if N2 < NM(I); N2 = NM(I); end;
           DZ = (N1 - N2) / USL(IG,J); Z2 = Z1 + DZ;
           if Z2 <= ZUP(I)    % nichts tun
           else
               Z2 = ZUP(I); DZ = (Z2 - Z1); N2 = N1 - DZ * USL(IG,J);
           end
           N = N + DZ * (N1 + N2) / 2;
           for K = Z:0.1:Z2
               NS(IZ) = N1 - (K - Z1) * USL(IG,J); Z_all(IZ) = K;
               NM_all(IZ) = NM(I); IZ = IZ + 1;
           end
           Z = K;
        elseif N1 == NM(I)    % Kernlautheit
          Z2 = ZUP(I); N2 = NM(I); N = N + N2 * (Z2 - Z1);
          for K = Z:0.1:Z2
            NS(IZ) = N2; Z_all(IZ) = K; NM_all(IZ) = NM(I); IZ = IZ + 1;
          end
          Z = K;
        else
            % Bestimmung der Zahl J des Bereichs der spezifischen Lautheit:
            hilf = find(RNS<NM(I)); J = hilf(1); Z2 = ZUP(I); N2 = NM(I);
            N = N + N2 * (Z2 - Z1);
            for K = Z:0.1:Z2
                NS(IZ) = N2; Z_all(IZ) = K; NM_all(IZ) = NM(I); IZ = IZ + 1;
            end
            Z = K;
        end
        % Schritt zum nächsten Segment:
        while N2 <= RNS(J) && J<18; J = J + 1; end
        if J >= 18; J = 18; end
        Z1 = Z2; N1 = N2;
    end
end
% Berechnung der Pegellautstärke für LN < 40 PHON bzw. N < 1 SONE
LN = 40 * (N + 0.0005)^0.35; if LN < 3; LN = 3; end
% Berechnung der Pegellautstärke für LN >= 40 PHON bzw. N >= 1 SONE
if N >= 1; LN = 10 * log2(N) + 40; end
```

```
%% Darstellung Lautheit-Tonheits-Muster
figure, plot(Z_all,NS,'b-'), hold on, hp=plot(Z_all,NM_all,'bx'); grid on
set(hp,'MarkerSize',1), grid on, set(gca,'FontSize',7), xlim([0 24])
title(['loudness pattern  N = ',num2str(N,'%3.2f'),...
      ' sone(G',M,'),  LN = ',num2str(LN,'%3.1f'),' phon(G',M,')'])
xlabel('Frequenz [Hz]'), ylabel('Spezifische Lautheit N'' [sone/Bark]')

set(gca,'XTick',ZUP); set(gca,'XTickLabel',[{'90'} {'180'} {'280'} {'355'}...
{'450'} {'560'} {'710'} {'900'} {'1.12k'} {'1.4k'} {'1.8k'} {'2.24k'} ...
{'2.8k'} {'3.55k'} {'4.5k'} {'5.6k'} {'7.1k'} {'9k'} {'11.2k'} {'14k'}])
```

Literatur

1. Aures, W.: Berechnungsverfahren für den Wohlklang beliebiger Schallsignale, ein Beitrag zur gehörbezogenen Schallanalyse. Dissertation an der Technischen Universität München (1984)
2. Aures, W.: Berechnungsverfahren für den sensorischen Wohlklang beliebiger Schallsignale. Acustica **59**, 130–141 (1985)
3. Aures, W.: Ein Berechnungsverfahren der Rauhigkeit. Acustica **58**, 268–281 (1985)
4. Aures, W.: Der sensorische Wohlklang als Funktion psychoakustischer Empfindungsgrößen. Acustica **58**, 282–290 (1985)
5. Barkhausen, H.: Ein neuer Schallmesser für die Praxis. Zeitschr. f. techn. Phys. **7**(12), 599–601 (1926)
6. von Bismarck, G.: Sharpness as an attribute of the timbre of steady sounds. Acustica **30**, 159–172 (1974)
7. Blauert, J.: Räumliches Hören. Hirzel Verlag, Stuttgart (1974)
8. Blauert, J.: Spatial Hearing. The Psychophysics of Human Sound Localization. Revised edition. MIT Press, Cambridge (1997)
9. Blauert, J.; Braasch, J.: Räumliches Hören. In: Weinzierl, S. v. (Hrsg.) Handbuch der Audiotechnik. Springer, Berlin (2007):
10. Braasch, J.: Modelling of binaural hearing. In: Blauert J. (Hrsg) Communication Acoustics, S. 75–108. Springer, Berlin (2005)
11. Cardozo, B.L., Van der Ven, K.G.: Estimation of Annoyance due to Low Level Sound. Appl. Acoust. **12**, 389–396 (1979)
12. Cardozo, B.L., Van Lieshout, R.: Estimation of Annoyance of Sounds of Different Character. Appl. Acoust. **14**, 323–329 (1981)
13. Cardozo, B.L, Van Lieshout, R.: Splitting Sound Annoyance into two Components Level and Sound Character. Annual Progress Report 16, IPO (1981b)
14. Colburn, H.S., Durlach, N.I.: Models of binaural interaction. In: Carterette, E.C; Friedman, M.P. (Hrsg) Handbook of Perception, Bd. 4, S. 467–518. Academic Press, New York (1978)
15. Cremer, L.: Die wissenschaftlichen Grundlagen der Raumakustik, Bd. 1. Hirtzel-Verlag, Stuttgart (1948)
16. Daniel, P.: Berechnung und kategoriale Beurteilung der Rauhigkeit und Unangenehmheit von synthetischen und technischen Schallen. Dissertation, Carl von Ossietzky Universität Oldenburg (1995)
17. Daniel, P., Weber, R.: Psychoacoustical Roughness: Implementation of an optimized Model. Acustica **83**, 113–123 (1997)
18. DIN 45631: Berechnung des Lautstärkepegels und der Lautheit aus dem Geräuschspektrum; Verfahren nach E. Zwicker. Beuth Verlag, Berlin (1991)
19. DIN EN 6167-1: Elektroakustik – Schallpegelmesser – Teil 1: Anforderungen. Beuth Verlag, Berlin (2003)
20. DIN EN ISO 389-7: Akustik – Standard-Bezugspegel für die Kalibrierung von audiometrischen Geräten – Teil 7: Bezugshörschwellen unter Freifeld- und Diffusbedingungen. Beuth Verlag, Berlin (2006)
21. DIN ISO 226: Akustik – Normalkurven gleicher Lautstärkepegel. Beuth Verlag, Berlin (2006)
22. DIN 45631/A1 : Berechnung des Lautstärkepegels und der Lautheit aus dem Geräuschspektrum – Verfahren nach E. Zwicker – Änderung 1: Berechnung der Lautheit zeitvarianter Geräusche; mit CD-ROM. Beuth Verlag, Berlin (2010)
23. DIN 45692: Messtechnische Simulation der Hörempfindung Schärfe. Beuth Verlag, Berlin (2009)
24. Ellermeier, W; Sivonen, V.P.: Richtungsabhängigkeit binauraler Lautheit. Fortschritte der Akustik – DAGA '06, Braunschweig (2006)
25. Fastl, H.: Beschreibung dynamischer Hörempfindungen anhand von Mithörschwellen-Mustern (Dissertation). Hochschulverlag, Freiburg (1982)
26. Fastl, H.: Beurteilung und Messung der wahrgenommenen äquivalenten Dauerlautheit. Z. für Lärmbekämpfung **38**, 98–103 (1991)
27. Fastl, H.: Fluctuation strength of narrow band noise. In: Horner, D. (Hrsg.) Auditory Physiology and Perception. Advances in the Biosciences, Bd. 83, S. 331–336. Pergamon Press (1992)
28. Fastl H.: Psychoakustik II. Tagungsband „Psychoakustik – Gehörbezogene Lärmbewertung" Österreichischer Arbeitsring für Lärmbekämpfung, Innsbruck (1993)

29. Fastl, H.: Gehörgerechte Geräuschbeurteilung. Tagungsband DAGA 97, Kiel, S. 57–64 (1997)
30. Fellner, M; Höldrich, R.: Physiologische und Psychoakustische Grundlagen des räumlichen Hörens. IEM-Report 03/98 (1998)
31. Fields, J.M., De Jong, R.G., Gjestland, T., Flindell, I.H., Job, R.F.S., Kurra, S., Lercher, P., Vallet, M., Yano, T., Guski, R., Felscher-Suhr, U., Schümer, R.: Standardized General-Purpose noise reaction questions for community noise surveys – research and recommendation. J. Sound Vibr. **242**(4), 641–679 (2001)
32. Genuit, K., Blauert, J., Bodden, M., Jansen, G., Schwarze, S., Mellert, V., Remmert, H.: Entwicklung einer Messtechnik zur physiologischen Bewertung von Lärmeinwirkungen unter Berücksichtigung der psychoakustischen Eigenschaften des menschlichen Gehörs. FB 774. Schriftenreihe der Bundesanstalt für Arbeitsschutz und Arbeitsmedizin. Wirtschaftsverlag NW, Bremerhaven (1997)
33. Guski, R., Bosshardt, H.-G.: Gibt es eine „unbeeinflußte" Lästigkeit? Z. für Lärmbekämpfung **39**,67–74 (1992)
34. Humes, L.E., Jestead, W.: Models of the additivity of masking. J. Acoust. Soc. Am., **83** (1989)
35. ISO 389-7: Akustik – Standard-Bezugspegel für die Kalibrierung von audiometrischen Geräten – Teil 7: Bezugshörschwellen unter Freifeld- und Diffusfeldbedingungen. Beuth Verlag (2005)
36. Kohler, M., Kotterba, B.: Fusion gemessener Empfindungsgrößen zur objektiven Bestimmung des Wohlklangs. Fortschritte der Akustik – DAGA 1992, S. 905–908. Berlin (1992)
37. Kurakata, K., Mizunami, T., Matsushita, K.: Percentiles of normal hearing-threshold distribution under free-field listening conditions in numerical form. Acoust. Sci. & Tech. **26**, 5 (2005)
38. Lyon, R.H.: Product Sound Quality – from Perception to Design. Sound Vibr. **2003**, 18–22 (2003)
39. Maschke, C., Hecht, K.: Stellungnahme zur Eignung der 100%-Regelung für die Festlegung von Schutzzonen in der Umgebung von Flughäfen (Bericht 06-ZRM-050710). Forschung- und Beratungsbüro Maschke, Berlin (2003)
40. Maschke, C., Feldmann, J., Hecht, K.: „Kritische Toleranzwerte" – lärmmedizinischer Fortschritt oder anachronistische Richtwerte in neuem Gewand? Z. für Lärmbekämpfung **51**(2), 59–64 (2004)
41. Mellert, V., Weber, R.: Physikalische Faktoren der Lästigkeit. In: Schick, A. (Hrsg.) Akustik zwischen Physik und Psychologie – Ergebnisse des 2. Oldenburger Symposiums zur psychologischen Akustik, S. 48 f. Klett-Cotta, Stuttgart (1981)
42. Mellert, V., Weber, R.: Gehörbezogene Verfahren zur Lärmbeurteilung. In: Walcher, K.P., Schick, A. (Hrsg.) Bedeutungslehre des Schalls, S. 183 f. Verlag Peter Lang, Bern (1984)
43. Moore, B.C.J, Glasberg, B.R.: A Revision of Zwicker's Loudness Model. Acoustica united with acta acoustica, S. 335–345 (1996)
44. Moore, B.C.J., Glasberg, B.R., Baer, T.: Model for the prediction of thresholds, loudnes and partial loudness. Journal of Audio Engineering Society **45**(4), 224–239 (1997)
45. Pflüger, M, Höldrich, R, Brandl, F, Biermayer, W.: Psychoacoustic Measurement of Roughness for Vehicle Interior Noise. In: Proceedings of the 137th meeting of the Acoustical Society of America, Berlin, S. 14–19 (1999)
46. Prante, H.U.: Modeling Judgements of Environmental Sounds by means of Artificial Neural Networks. Dissertation an der Technischen Universität, Berlin (2001)
47. Sivonen, V.K., Ellermeier, W.: Directional loudness in an anechoic sound field, head related transfer functions, and binaural summation. J. Acoust. Soc. Am. **119**(5), 2965–2980 (2006)
48. Sontacchi, A.: Entwicklung eines Modulkonzeptes für die psychoakustische Geräuschanalyse unter Matlab. Diplomarbeit an der Technischen Universität Graz (1998)
49. Stevens, S.S.: On the psychophysical law. Psychol Rev. **64**(3), 153–181 (1957)
50. Strehl, M.: Entwicklung einer Psychoakustik-Toolbox in Matlab. Diplomarbeit an der TU Kaiserslautern (2005)
51. Theile, G.: Zur Theorie der optimalen Wiedergabe von stereophonen Signalen über Lautsprecher und Kopfhörer. Rundfunktechn Mitt. **25**, 155–169 (1981)
52. Terhardt, E.: Pitch, consonance and harmony. J. Acoust. Soc. Am. **55**, 1061 (1974)
53. Terhardt, E., Stoll, G., Seewann, M.: Algorithm for extraction of pitch salience from complex tonal signals. J. Acoust. Soc. Am. **71**, 3 f (1982)
54. Terhardt, E.: Akustische Kommunikation – Grundlagen mit Hörbeispielen. Springer, Berlin (1998)
55. Terhardt, E., Stoll, G.: Skalierung des Wohlklangs (der sensorischen Konsonanz) von 17 Umweltschallen und Untersuchung der beteiligten Hörparameter. Acustica **48**, 248–253 (1981)
56. Terhardt, E.: Hearing Research 1, S. 155–182 (1979)
57. Vogel, A.: Über den Zusammenhang zwischen Rauhigkeit und Modulationsgrad. Acustica **32**, 300 (1975)
58. Widmann, U.: Ein Modell der Psychoakustischen Lästigkeit von Schallen und seine Anwendung in der Praxis der Lärmbeurteilung. Dissertation, TU – München (1992)
59. Zollner, W. „Psychoakustische Meßtechnik", Cortex electronic GmbH (1996)
60. Zwicker, E.: Ein Beitrag zur Unterscheidung von Lautstärke und Lästigkeit. Acustica **17**, 22–25 (1966)
61. Zwicker, E., Feldtkeller, R.: Das Ohr als Nachrichtenempfänger. S. Hirzel Verlag, Stuttgart (1967)
62. Zwicker, E.: Psychoakustik. Springer, Berlin (1982)
63. Zwicker, E., Fastl, H.: Psychoakustics – Facts and Models. Springer, Berlin (1990)
64. Zwicker, E.: Ein Vorschlag zur Definition und zur Berechnung der unbeeinflussten Lästigkeit. ZfL **38**, 91–97 (1991)
65. Zwicker, E., Fastl, H.: Psychoacoustics – Facts and Models, 2. Aufl. Springer, Berlin (1999)